D1753663

Radiatoren:
Gusseiserne Heizkörper

:a

Radiatoren:
Gusseiserne
Heizkörper

Julia Schrader

EDITION :*anderweit*

Impressum

© 2002
Edition :anderweit Verlag GmbH
Hinter den Höfen 7
D 29556 Suderburg-Hösseringen

e-mail edition@anderweit.de, www.anderweit.de

Das Werk einschließlich aller seiner Teile ist urheberrechtlich geschützt. Jede Verwendung außerhalb der engen Grenzen des Urheberrechtsgesetzes ist ohne Zustimmung des Verlages unzulässig und strafbar. Das gilt insbesondere für die Vervielfältigungen, Übersetzungen, Mikroverfilmungen und die Einspeicherung und Verarbeitung in elektronischen Systemen.

Lektorat
Mila Schrader

Gestaltung
Kommunikationskontor_Düsseldorf

Satz
DTP Apple Macintosh

Lithografie
Edition :anderweit Verlag, Suderburg

Druck und buchbinderische Verarbeitung
Bosch Druck GmbH, Landshut-Ergolding

Printed in Germany

ISBN 3-931824-22-5

Frontispiz: Interieur um 1910 mit Zentralheizung und Delfter Fliesen. Firmenkatalog der Nationalen Radiator Gesellschaft Berlin.

7	**Zum Geleit**
9	**Entwicklung der Heiztechnik:** **Von der Feuerstelle zur Zentralheizung**
9	Feuer: Licht und Wärme
9	Raumheizung: Kamin, Kachelofen, Eisenofen
19	Zentralheizung: Luft-, Dampf- und Wasserheizung
26	Das ideale Heizsystem: Einzelheizung contra Zentralheizung
33	**Zentralheizung: Kessel, Röhren, Heizkörper**
34	Grundprinzip einer Zentralheizung
35	Heizkessel und Rohrleitungen
37	Heizkörper: Terminologie und Bauvarianten
43	**Gusseiserne Heizkörper:** **Funktion, Technik und Design**
43	Gusseisen in der Ofenherstellung
49	Wurzeln in Amerika: Industrielle Power
50	Rippenrohrheizkörper: Konvektionswärme pur
51	Radiatoren mit Säulen, Gliedern, Platten & Co.
54	Verbindungstechniken: Pressen und Schrauben
58	Abmessungen und Normen
61	Formenvielfalt: Ornamentik und Dekor
66	**Antike Radiatoren heute:** **Exklusivität und Nostalgie**
67	Was ist beim Einbau zu beachten?
68	Heizkörper suchen und finden
71	Ein Spezialist vom Fach: Firma Andera in Maastricht
76	**Anhang**
76	Adressen
77	Literatur
78	Bildnachweis

Sammlung von historischen Heizkörpern in den Räumen der Firma Andera, Maastricht.

Zum Geleit

Das Thema »Historische Bauvielfalt im Detail« lässt sich an vielen Beispielen dokumentieren. In diesem Band sind es die gusseisernen Radiatoren, die als Bestandteil einer Zentralheizung die Wärme in den zu heizenden Zimmern abgeben. Ihre Entstehung ist eng mit der technischen Entwicklung der Zentralheizung verbunden, deren Anfänge in den Schwitzbädern der Antike liegen und die sich über die Luftheizung und Dampfheizung zu der Warmwasserheizung der Neuzeit wandelte.

Die optimale Konstruktion der Heizkörper wurde zum wichtigen Thema für Eisengießer, Heizungstechniker, Ingenieure, Architekten und Hausbesitzer. Nach dem Bau der ersten Rippenrohrheizkörper von 1840 gelang in Amerika um 1860 mit den gusseisernen Gliederradiatoren der technologische Durchbruch, der etwa 1880 auch Europa erreichte. Der Guss von einzelnen hohlen Gliedern und deren Verbindung mittels gepressten oder geschraubten Nippeln waren eine technische Herausforderung für die Eisengussindustrie, die in den wachsenden Städten mit ihren Mietswohnungen und Villen gute Absatzmöglichkeiten für die Heizkörper fand.

Moderne Stahlradiatoren haben die gusseisernen Heizkörper heute verdrängt, aber als exklusive und zugleich funktionsfähige Schmuckstücke erleben die jahrzehntelang als Schrott entsorgten Heizkörper derzeit eine Renaissance. Mit ihren variantenreichen Säulen und Gliedern, mit ihrer kunstvollen ornamentalen Gestaltung im Historismus und Jugendstil und der Schlichtheit der 1920er Jahre sind sie heute zu Sammlerstücken avanciert. Sie sind eine Bereicherung der modernen Wohnlandschaft und zugleich Herausforderung für jeden Restaurator.

Wir danken an dieser Stelle Elly und Emiel Jacobs von der Firma Andera in Maastricht, dass sie mit ihrem reichhaltigen Fundus an Wissen und Fotos zum Gelingen des Buches beigetragen haben sowie Herrn Gerd Böhm von der Firma Buderus Heiztechnik GmbH in Wetzlar für die heiztechnische Beratung.

Mila Schrader, (Hrsg.), Suderburg-Hösseringen, im August 2002

Offene Feuerstelle zum Kochen und Wärmen in einem niederdeutschen Hallenhaus.

Entwicklung der Heiztechnik:
Von der Feuerstelle zur Zentralheizung

Feuer: Licht und Wärme
Irgendwann in der Vorzeit gelang es dem Menschen, seine Angst vor dem Feuer zu überwinden und von seinen beiden wichtigsten Eigenschaften gezielt Gebrauch zu machen: dem Licht und der Wärme. Das Aufstellen der am hellsten brennenden Holzscheite als Kienspäne brachte ihm Licht in seine dunkle Unterkunft, die Flammen und die Glut des offenen Feuers wärmten ihn und ermöglichten das Garen und Braten von Speisen am Spieß und im Topf. Noch waren Herd und Ofen, Lampe und Heizquelle eine Einheit.
Erst später vollzog sich eine Trennung von Beleuchtung, Heizen und Kochen. Zum Heizen entstanden nach den offenen Feuerstellen Kamine und erste geschlossene Öfen aus Gusseisen oder Keramik. Ihre Entwicklung wurde durch eine verbesserte Ausnutzung der Wärmeleistung vorangetrieben. Dabei wollte man im Zeichen der Brennstoffverknappung nicht nur effektiver heizen können, sondern es auch bei der Bedienung leichter haben. Es galt, den Weg der Rauchgase zu bändigen, die lästige Verschmutzung durch die Asche zu mindern sowie vielfältige Brennmaterialien zu nutzen – Torf, Holz, Kohle, Gas und Elektrizität. Nicht zu vergessen ist die Freude an der Gestaltung der Öfen, die unter den Einflüssen von Kunst und Kultur nicht nur von der Funktion geprägt waren, sondern mit ihrer Ornamentik und ihrem Dekor oftmals dem Stilempfinden der jeweiligen Zeitepoche entsprachen.

Raumheizung: Kamin, Kachelofen, Eisenofen
Sieht man von den ganz einfachen, offenen Feuerstellen ab, deren Rauchgase entweder direkt durch das Dach entwichen oder durch einen Rauchabzug nach draußen geführt wurden, so lassen sich halb geschlossene Feuerungen wie z.B. der Kamin oder ganz geschlossene Öfen wie der Kachel- und Eisenofen beobachten. Mit ihnen war es möglich, einen nicht allzu großen Raum auf angenehme Wohntemperatur zu erwärmen, während dabei

alle anderen Räume des Hauses nicht geheizt wurden. Als Einzelraumheizung setzten sich insbesondere die Kachel- und Eisenöfen durch, da beim Kamin die Heizleistung im Vergleich zur eingesetzten Brennstoffmenge relativ gering ist.

Kamin Aus der offenen Feuerstelle, die sich bis ins 10. Jahrhundert in aller Regel mitten im Raum befand, entwickelten sich im Laufe der Jahrhunderte die verschiedensten Öfen und Herde. Zwischen dem 10. und 12. Jahrhundert kam im westlichen und südlichen Europa der Kamin auf – eine Heizungsart, bei der das Feuer seitlich und von hinten durch einen Rauchabzug umbaut wurde. Dadurch rückte das Feuer allmählich an die Wand, der Kaminmantel reichte als Rauchabzug bis an die Zimmerdecke und führte die Gase ins Freie. Zwar war der Kamin meist optisch das Prunkstück des Raumes, da er jedoch keine wärmespeichernden Bauteile besaß, wärmte er eher schlecht als recht. Abhilfe schafften in Burgen und Bauernhäusern speziell gebaute mittelalterliche Blockbohlenstuben, die durch ihre Bauweise »Haus in Haus« eine bessere Energiebilanz ermöglichten. Die eingesetzte Menge an Brennmaterial, zumeist Holz, war bei dem offenen Kaminen im Vergleich zur Heizleistung noch sehr hoch. Daher hatten auf Dauer die Kachel- oder Gusseisenöfen mit ihren wärmespeichernden und -abstrahlenden Ummantelungen eine bessere Chance, sich als effektive Einzelraumheizung durchzusetzen.

Raumhoher Kamin im Stil Louis XIV.

Kachelofen Über die Entstehung des Kachelofens lassen sich keine gesicherten Angaben machen. Ein Vorläufer unseres heutigen Kachelofens könnte der aus Stein und Lehm gefügte Ofen der Slawen so-

Links: Das Lutherzimmer in der Wartburg. Rechts: Süddeutscher Sesselherd um 1890.

wie der Nord- und Ostgermanen sein. Bereits vor dem Mittelalter war bei ihnen das offene Herdfeuer mit einem einfachen Gewölbe überbaut worden, wohl wegen der ungünstigen Witterung. Die ältesten Ofenkacheln, die in Europa gefunden wurden, stammen aus der Zeit um 1100 n. Chr. Es waren zunächst bauchige, später becher- oder napfförmige Töpfe. Die zahlreichen erhaltenen Frühformen von Kacheln im Alpengebiet lassen dort seine Entstehung vermuten.

Die frühesten bekannten Abbildungen von Kachelöfen zeigen kuppelgewölbte Öfen mit regelmäßig gesetzten Kacheltöpfen. Als man erkannte, dass die dünnwandigen Tonkacheln die Wärme besser abgaben als die Ofenwand aus Stein und Lehm, in die die Kacheln gesetzt waren, fügte man die Kacheln immer dichter zusammen. Um ein lückenloses Aneinandersetzen zu erreichen, wählte man schließlich die quadratische Form, womit der Kachelofen als Ofentyp entstanden war. Veränderungen erfolgten jetzt nur noch in dekorativer und feuertechnischer Hinsicht.

Links: Kunstvoller Plattenofen aus dem Schloss Spangenberg, 16. Jahrhundert.
Rechts: Sechsplattenofen von 1742 mit dem berühmten Sachsenross.

Takenfeuerung Als man Ende des 15. Jahrhunderts in der Lage war, Gusseisen und somit eiserne Platten herzustellen, erhielt die Heiztechnik neue Impulse. Zunächst fertigte man Kaminplatten an, welche die Wand hinter dem offenen Feuer nicht nur schützten, sondern auch gleichzeitig mehr Wärme durch Abstrahlung in den Raum schufen. Aus diesen Platten entstand mit der Takenfeuerung die erste Form einer Zweizimmerheizung: War diese gusseiserne Eisenplatte in unmittelbarer Nähe zur Feuerstelle in die Zwischenwand zu einem benachbarten Raum eingelassen, so übertrug die Take die Wärme dorthin. Die Takenheizung war vor allem in Frankreich, Belgien, den Niederlanden, Luxemburg und Lothringen verbreitet. In Deutschland konnte man sie hauptsächlich in der Eifel, aber auch im Sauerland, dem Hunsrück und dem Saargebiet finden.

Erste Gusseisenöfen: Platten-, Aufsatz- und Rundofen Das bedeutendste Ergebnis der Gusseisentechnik, die man seit Ende des 15. Jahrhunderts beherrschte, war der Bau von Kastenöfen. Die ältesten erhaltenen Kastenöfen bestanden aus einer Grundplatte, einer meist schmalen Front- und zwei breiten Seitenplatte sowie einer Deckplatte. Diese Fünfplattenöfen grenzten mit ihrer Rückseite an eine Öffnung in der Wand, so dass sie als Hinterlader – auch Bilegger genannt – vom Nachbarraum aus beschickt wurden. Ihre Abnehmer waren zunächst Mitglieder der gehobenen Schichten: Mönche, Adelige und wohlhabende Bürger. Der Fünfplattenofen in Kastenform gilt als der Prototyp des gusseisernen Ofens.

Mit seinem ungeteiltem, großen Feuerraum war er jedoch noch ein unökonomischer »Holzfresser«. Eine Verbesserung der Brennstoffausnutzung erreichte man ab der Mitte des 16. Jahrhunderts durch den Bau von Aufsatzöfen. Sie bestanden in der Regel aus einem Keramikoberteil und einem Eisenunterteil, so dass das schnelle Aufheizen des Eisenofens mit der beständigen Wärmeabgabe des Kachelofens kombiniert wurde. Im 18. und verstärkt im 19. Jahrhundert gab man den Kastenöfen eine sechste Platte, so dass dieser Sechsplattenofen frei im Raum stehen konnte und seine Hitze ungehindert nach allen Seiten abgab. Für die damit verbundene Effizienzsteigerung nahm man in Kauf, dass der Ofen nun von vorne, d.h. vom Wohnraum aus, bedient werden musste (Vorderlader). Als man zu Beginn des 18. Jahrhunderts das Gießen breiter und gleichmäßig starker

Links oben: Siegener Kochofen, gegossen um 1860. Links unten: Rundofen aus dem 19. Jahrhundert mit einfacher Luftregulierung.

Eisenringe beherrschte, entstanden die ersten Rundöfen aus drei bis vier Ringen. Wie der Sechsplattenofen waren sie nicht in eine Wand eingebaut, sondern gaben ringsum ihre Wärme ab. Es gab sie bereits mit geteiltem Brennraum und Rost und einfachen feuerungstechnischen Verbesserungen.

Effizienter heizen: Wind-, Pyramiden- und Etagenofen Der Wind- oder Zugofen stellte den ersten regulierbaren Ofen dar. Ein senkrecht aus der Deckplatte herausgeführtes und oben abgeknicktes Rohr leitete den Rauch in den Kamin. Dadurch entstand im Ofen ein Zug, der mit einer verstellbaren Luftklappe an der Ofentür geregelt wurde. Sowohl Kasten- als auch Rundöfen wurden als Windöfen gebaut.

Die Brennstoffausnutzung verbesserte sich ein weiteres Mal, als Öfen mit verlängertem Rauchgasweg und vergrößerter Oberfläche konstruiert wurden. Ein Beispiel dafür ist neben dem Pyramidenofen insbesondere der ab 1820 gebaute Etagenofen, auch Zirkulier- oder Kassettenofen genannt. Die Öffnungen zwischen den Etagen, die Durchsichten, konnten offen oder verschlossen sein. Eine andere Variante, die Rauchgase zum Wandern zu bringen, war die Anbringung senkrechter Platten in Säulenöfen. In Verbindung mit einem kräftigen Rauchabzug erreichte man eine Rauchgasführung mit Steige- und Sturzzug, d.h. die Gase stiegen auf, wurden oben umgelenkt und nach unten geführt, bis sie letztlich den Schornstein erreichten.

Empireofen mit einer seltenen Kombination aus gusseisernem Brennraum und einem viersäuligen Keramikaufsatz, 1789.

Oben: Zirkulierofen aus dem frühen 19. Jahrhundert. Darunter: Oben links ein Mantelofen um 1880, daneben ein Irischer Füllofen mit Majolikaplatten von 1900, unten zwei amerikanische Leuchtöfen, gegossen um 1880.

Kohleöfen: Durchbrand- und Unterbrandofen Solange Holz das hauptsächliche Brennmaterial darstellte, war der Feuerraum in den Öfen eher groß und ungegliedert. Der Übergang zu Kohlenbrennstoffen führte zu einem durch einen Rost gegliederten Brennraum. Dies brachte erneute Verbesserungen im Brennverhalten und Bedienungskomfort. Der zweigeteilte Feuerraum war äußerlich bereits an seinen zwei Öffnungen zu erkennen: eine höher liegende Feuerungstür zum Einfüllen des Brennstoffs und eine unterhalb des Rosts befindliche Aschentür zum Entfernen der Asche. Je nachdem, welche Tür man öffnete, ließ sich die Luftzufuhr erstmals sowohl oberhalb als auch unterhalb des Brenngutes steuern.

Etwa um 1880 tauchten in Europa nahezu zeitgleich zwei neue Ofenkonstruktionen auf, die sich bis weit ins 20. Jahrhundert großer Beliebtheit erfreuten: der Durchbrand- und der Unterbrandofen. Beim Durchbrandofen war der Füllschacht Teil des Feuerraums und wurde bis zur hoch liegenden Fülltür mit Kohle gefüllt. Dieser erstmals in Irland hergestellte Ofen (»Irischer Ofen«) entwickelte sich nach weiteren Verfeinerungen im Ofeninneren zum typischen Dauerbrandofen für feste Heizstoffe, insbesondere für Kohle.

Beim Unterbandofen fand die Verbrennung in einem separaten Füllkorb statt. Die Kohle wurde von oben in einen konisch zulaufenden Füllschacht geschüttet und fiel in einen Korbrost. Es rutschte nur jeweils so viel Brennstoff nach, wie im Korb verbrannte. Die Luftzufuhr wurde über einen Schieber geregelt. Von diesem Ofentyp kamen 1879 die ersten zwei Stück aus Amerika (»Amerikanischer Ofen«) nach Deutschland, wurden nachgebaut und vielfach verbessert.

Mantelofen: Vorreiter des Konvektionsofens Bei einigen gusseisernen Öfen war die Brennkammer in einem gewissen Abstand von einem Mantel umgeben. Diese äußere, sichtbare Hülle des Ofens konnte kasten- oder schrankförmig sein und bestand häufig aus filigranartig durchbrochenen gusseisernen Gittern. Mantelöfen hatten die Eigenschaft, dass die Hitze nur zum Teil als Strahlungswärme abgegeben wurde. Zusätzlich gab die Oberfläche einen Teil ihrer Wärme an die dazwischen liegende Lufthülle ab, die dadurch aufstieg und zu einem Austausch von kalten und warmen Luftschichten führte. So wurde ein Teil der Wärme als Konvektionswärme abgegeben. Eine andere Variante war das Ummanteln mit einer seitlich geschlossenen runden Säule. Die Raumluft wurde hierbei am Fuß des Ofens angesaugt und stieg zwischen Mantel und Ofen bis zur Spitze des Ofens, wo es Austrittsöffnungen gab. Diese Mantelöfen gelten als Vorläufer der späteren Konvektionsöfen.

Gasheizöfen und erste Radiatoren als Einzelöfen Um 1860 wurden in Europa die ersten Gasheizöfen entwickelt und waren damit eine Alternative zu Holz und Kohle als Heizquelle. Konstrukteure und Hersteller dieser Art der Einzelheizung bemühten sich fortwährend, die Übertragung der Wärme der Gasflamme an den Raum immer wirkungsvoller und sicherer zu gestalten. Die ersten Gasheizöfen, mit denen auch große Kirchen beheizt worden sind, bestanden aus großen Brennergruppen, die von einem gitterförmig umbrochenen Blechmantel umgeben waren.

Werbeplakat der Aachener Firma J. G. Houben um 1910 für die modernen Heiztechniken mit Gasheizung und Badeofen.

GASHEIZÖFEN-u.BADEÖFEN
D.R.P.
KGL. PR. STAATSMEDAILLE u.12 GOLDENE MEDAILLEN
ÜBER 100000 IM GEBRAUCH.
J.G.HOUBEN SOHN CARL
AACHEN.

Diese Heiztechnik hatte gegenüber der Holz- und Kohleheizung den Vorteil, dass kein lästiger Kohlenschmutz und Asche anfielen. Zu Beginn strömten die Abgase noch frei in die Raumluft, was äußerst ungesund war. In Frankreich wurde 1882 erstmals ein Gasofen entwickelt, bei dem die Heizgase durch einen Abgasstutzen abgeführt wurden. Weitere Varianten waren die Nutzung der Abgaswärme durch Wärmeaustauscher sowie die Anbringung zusätzlicher Konvektionsflächen. Einen wesentlichen Fortschritt brachte 1902 die Meurer AG, Cossebaude, indem sie gusseiserne Heizglieder zu einem Radiator zusammenbaute. Dieser Gasradiator mit geschütztem Verbrennungsraum trug die Bezeichnung »Element-Gasheizofen« und war aufgrund seiner zweckmäßigen Konstruktion jahrzehntelang der marktbeherrschende deutsche Gasheizofen. Je nach Gliederzahl ließen sich so mit einem einzigen Bauelement Heizleistungen von 3,5 bis 21 kW verwirklichen. Damit konnten Wohnflächen zwischen 35 und 210 qm beheizt werden. Um 1880 waren Gasöfen in sehr unterschiedlicher Ausführung auf dem Markt. Dem Illustrierten Baulexikon von Oscar Mothes aus dem Jahre 1883 zufolge waren die kleinen Gasöfen besonders in Berlin sehr beliebt.

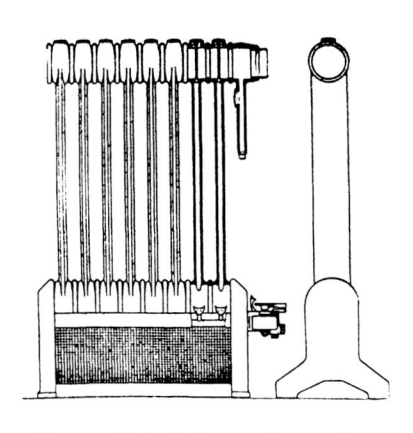

Element-Gasheizofen von Meurer, ein Gasradiator mit gusseisernen Gliedern und geschütztem Verbrennungsraum.

Gas-Kaminöfen der 195er Jahre In den 1950er Jahren wandelte sich der Geschmack der Bevölkerung unter dem Einfluss neuer, aus dem Ausland kommender Bauformen, die im Zeichen der Modernisierung der Wirtschaftswunderzeit bereitwillig aufgenommen wurden. In Anpassung an das nun moderne Möbeldesign – Einbaumöbel hatten den frei stehenden Schränken den Rang abgelaufen – entstanden die in Form und Farbe verschiedenartig gestalteten »Gas-Kaminöfen«. Bei diesen modernen Gasöfen wurden zum Teil glasierte Kacheln, Streckmetallgitter oder eine emaillierte Strahlplatte als Schmuck- und Verkleidungselement verwendet.

Zentralheizung: Luft-, Dampf- und Wasserheizung
Die bisher geschilderten Einzelöfen in den verschiedensten Bauarten waren jahrhundertelang die einzigen Heizquellen in privaten Häusern und öffentlichen Gebäuden. Der Ofen war der Ort für die Gewinnung der Heizenergie und gleichzeitig Speichermedium und Wärmespender. Die Zentralheizung, bei der Wärme zentral im Kessel erzeugt und über Rohre und Heizkörper in den einzelnen Zimmern abgegeben wird, hatte es schwer, sich in Europa durchzusetzen, obwohl sie bereits seit der Antike bekannt und gegen Ende des 19. Jahrhunderts technisch ausgereift war. Die Gründe hierfür sind vielfältig. Einer der größten Nachteile dürfte gewesen sein, dass eine zentrale Heizanlage bereits im Planungsstadium vorgesehen und eingerichtet werden musste und eine nachträgliche Umrüstung mit großen Problemen und hohen Kosten verbunden war. Deshalb sollte es noch weit bis ins 20. Jahrhunderte dauern, bis die Zentralheizung zum Wohnstandard gehörte und die Einzelöfen abgelöst hatte.

Je nach Medium, das die Wärme transportiert, lässt sich die Zentralheizungstechnik in die Luftheizung, die Dampfheizung und die Wasserheizung unterscheiden, wobei diese Systeme auch miteinander kombiniert wurden.

Der Ursprung der Zentralheizung: Das Hypokaustum Die ersten Zeugnisse einer Zentralheizung finden sich in der Antike in Zusammenhang mit Fußbodenheizungen und öffentlichen Bädern. Solche Fußbodenheizungen, die mit heißer Luft funktionierten, sind aus Griechenland bereits aus der Zeit zwischen 180 und 80 v. Chr. bekannt. Beim griechischen Bad stand das *Lakonikon* – das Schwitzbad – direkt mit dem *Hypokauston*, einem großen Ofen, in Verbindung, während beim trockenen Schwitzbad das Schwitzen durch Erhitzung der Luft erfolgte. Die öffentlichen Bäder der Römer, die Thermen, waren wesentlich komfortabler und reicher ausgestattet als die griechischen. Sie enthielten in der Regel folgende Einrichtungen: Das *Hypokaustum* oder Heizzimmer im Kellergeschoss, das *Apodyterium* oder Aus- und Ankleidezimmer, das *Tepidarium*, ein Raum für warme und heiße Bäder, das *Frigidarium*, ein Raum mit einem Kaltwasserbassin, das *Caldarium* für das warme Bad und schließlich das *Laconicum*, ein trockenes Schwitzbad.

Der Warmbadraum der Forum-Thermen von 70 v. Chr. gilt als das älteste erhaltene Bauwerk dieser Art, bei dem sowohl der Fußboden als auch die Wände beheizt wurden. Im 3. und 4. Jahrhundert n. Chr. entstanden die beiden größten römischen Thermen in Rom: Die Caracall-Thermen mit den Ausmaßen von 400 x 390 m und die Diocletian-Thermen von 380 x 340 m. In Deutschland geben die Kaiserthermen in Trier, die Ende des 3. Jahrhunderts n. Chr. begonnen und nie fertig gestellt wurden, ein eindrucksvolles Bild dieser römischen Bautechnik.

Konstruktion einer Hypokaustum-Heizung   Bei Vitruv lässt sich die Konstruktion einer Hypokaustum-Heizung in seinem fünften

Die römische Hypokaustum-Heizung war eine Fußboden- und Wandheizung, die mit erwärmter Luft und Strahlungswärme arbeitete. Forum- Thermen in Ostia/Italien.

Buch über Architektur im 10. Kapitel ausführlich nachlesen. Es handelt sich feuerungstechnisch um eine einfache Anlage, bei der die Brenngase aus dem Feuerraum den Fußboden von Räumen oder Wasserbecken erwärmen und quasi eine Art Warmluft- bzw. Fußbodenstrahlungsheizung darstellen. Alternativ kann der Fußboden – als Kanalheizung – über kleinere Luftkanäle erwärmt werden. Möchte man diese Fußbodenheizung auf die Seitenwände eines Raumes ausdehnen, so geschieht dies mit Hilfe von eingebauten Hohlziegeln, den *tubuli*, oder den Warzenziegeln, speziell geformten Ziegelplatten mit Abstandshaltern, in denen sich die erwärmte Luft ausbreiten kann

Neuzeit: Luftheizungen mit Calorifèren Die Kenntnisse über den hohen Stand der römischen Heiztechnik gerieten im frühen Mittelalter durch den Zerfall des römischen Imperiums weitgehend in Vergessenheit. Erst im 15. Jahrhundert entwickelte sich in Europa mit der Rauchgasheizung erste Ansätze der Zentralheizung. Einen wesentlichen Fortschritt in den zentralen Heiztechnik erzielte man Ende des 17., Anfang des 18. Jahrhunderts, als Luftheizapparate gebaut wurden.

Hierbei wurde Luft in besonderen, meist im Keller gelegenen Heizkammern an eisernen Öfen (Calorifèren) erwärmt und den zu heizenden Räumen durch Kanäle zugeführt. Dafür trat zunächst durch einen überdachten und vergitterten Schacht im Heizungsraum frische Luft von draußen ein, passierte eine Filterkammer, in der Staub mittels Drahtgaze oder einem Filtertuch abgefangen wurde, und gelangte in die Heizkammer. Die so erwärmte Luft stieg über Kanäle, die von der Decke der Heizkammer abzweigten, zu den Räumen auf.

Der Feuchtigkeitsgrad der Luft wurde durch die Verdampfung von Wasser erhöht, das in einem Gefäß auf dem Ofen platziert wurde. Die zumeist senkrecht geführten Kanäle waren entweder direkt in die Mauern oder Zwischenwände eingebaut oder sie wurden nachträglich an die Wände als gut isolierte Kästen angesetzt. Letztere Variante ermöglichte den Einbau einer Luftheizung in ein fertiges Gebäude, war aber teuer und verunstaltete zum Teil die Räumlichkeiten.

In beiden Fällen trat die Luft über Kopfhöhe durch Öffnungen, die mit Klappen oder Jalousien verschließbar waren, in das Zimmer ein. Zusätzlich gab es die Möglichkeit, bereits erwärmte Luft mit Hilfe eines Kaltluftkanals mit frischer Luft von draußen zu mischen.

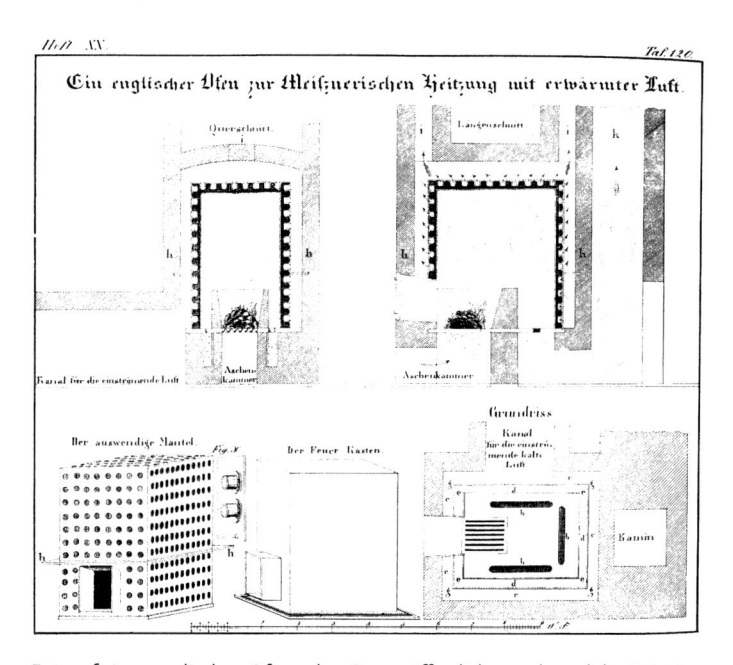

Entwurf eines englischen Ofens, der 1831 veröffentlicht wurde und das Prinzip der Luftheizung verdeutlicht.

Luftheizung mit Zirkulation und Luftheizung mit Ventilation Man unterschied bei der Luftheizung solche mit Zirkulation und solche mit Ventilation. Bei ersterer wurde die Luft dem Heizraum zur erneuten Erwärmung zugeführt, bei zweiterer ließ man dagegen die Luft nach dem Verbrauch ins Freie. Die Luftheizung mit Zirkulation benötigte weniger Brennstoff, war aber ungesund und daher nur dort empfehlenswert, wo sich im Verhältnis zur Größe des zu heizenden Raumes wenige Menschen und nur für kurze Zeit aufhielten, etwa in Lagerräumen oder Kirchen. Wenn dagegen die Luft durch längeren Aufenthalt zahlreicher Menschen rasch verbraucht war, wurde die teurere, aber bekömmlichere Luftheizung mit Ventilation vorgezogen, zum Beispiel in Krankenhäusern und Schulen.

Die Luftheizung erreichte ihre Blütezeit etwa in der Zeit von 1850 bis 1870. In den 1870er Jahren kam sie in Misskredit, weil sie die Nachteile hatte, dass sie eine sehr trockene Luft bewirkte und kontinuierlich Geräusche erzeugte, außerdem konnten sich in den Kanälen leicht gesundheitsschädigende Keime bilden. Oscar Mothes beschreibt in seinem Illustrierten Baulexikon von 1883, dass diese Skepsis aber bei technischer Vervollkommnung fehl am Platze sei und dass die Luftheizung in Wien 1881 von dem deutschen Verein für öffentliche Gesundheitspflege nicht mehr als gesundheitsschädlich, sondern als gesundheitsfördernd anerkannt worden sei. Die technischen Forderungen waren aber genau präzisiert: rußfreies Arbeiten des Luftheizapparates, Dichtheit des Heizkessels und der Rohrleitungen und Vermeidung von zu hohen Temperaturen bis zum Glühen. Trotzdem waren die Tage der Luftheizung gezählt. Nach 1870 wurde sie durch die Dampf- und Wasserheizung verdrängt.

Dampfheizung: Dampf als Träger der Wärme Die Idee, Dampf für Heizzwecke zu verwenden, kam bereits um 1730 mit der Erfindung der Dampfmaschine auf. Die erste Dampfheizung in Deutschland wurde 1815 in Berlin-Pankow gebaut. Als Heizkörper kamen zunächst Rohre und Rippenrohre zur Anwendung. Je nach der Höhe des Kesseldrucks für die Dampferzeugung unterscheidet man Hochdruck- und Niederdruckdampfheizungen. Die Dampfheizung galt Ende des 19. Jahrhunderts als verhältnismäßig teuer, aber insgesamt noch billiger als die Wasserheizung. Dampfheizungen wurden nicht nur für einzelne Gebäude ausgeführt, sondern auch für ganze Stadtteile. In Amerika gab es Ende des 19. Jahrhunderts bereits unter dem Straßenpflaster verlegte Dampfheizungsrohre.

Für die Hochdruckheizung wurde der in Dampfkanälen erzeugte Wasserdampf mit Überdruck genutzt. Die Temperaturen lagen bei der ersten in Deutschland gebauten Hochdruck-Dampfheizung zwischen 100 und 150° C. Mit dem Wasserdampf wurden die Räume direkt über weite Röhren und Öfen beheizt. Eine Variante – die Dampfluftheizung – war es, die Wärmeleistung in Heizkörpern zu sammeln. Diese Heizkörper standen in speziellen Heizkammern und erwärmten kalte Außenluft. Das sich in den Heizkörpern nach der Abkühlung bildende Kondenswasser wurde in besonderen Leitungen – meist über Kondenstöpfe – in einem Sammelgefäß zusammengeführt und dann wieder dem Kreislauf im Dampfkessel zugeführt.

Die erste Niedrigdruck-Dampfheizung mit Dampftemperaturen um 100 °C entstand 1878. Ein Leitungssystem von horizontal geführten Verteilungsröhren mit einem Gefälle nach den Enden endete in Siphonschleifen zur Trennung von Kondenswasser und Dampf. Vertikale Röhren führten den Dampf danach zu den einzelnen Heizkörpern, in denen er kondensierte, um schließlich in einer separaten Kondensleitung zum Kessel zurückgeführt zu werden. Die Abdampfheizung als weitere Variante der Dampfheizung

Wasserkessel der amerikanischen Firma Pierce American um 1900.

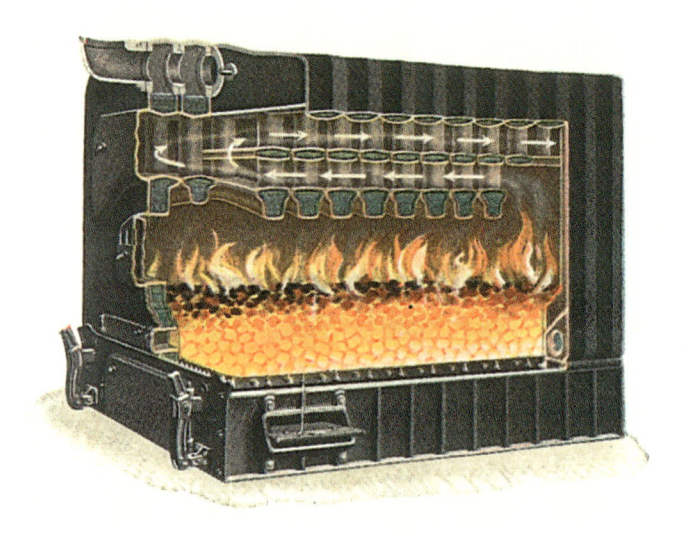

nutzte die am Auspuff des Kessels austretenden Dämpfe. Sie fand allerdings nicht in Wohngebäuden Anwendung, sondern nur in Fabriken.

Warmwasserheizung: Hoch-, Mittel- und Niedrigdruck Wasser als Wärmeträger setzte man etwa ab 1820 ein, erstmals in England. Als Heizkörper in den zu heizenden Räumen dienten zunächst vasenähnliche Gebilde in Kelchform, die von absteigenden Röhren mit heißem Wasser gespeist wurden. Später gab es Rippen-,

Glieder- und Plattenheizkörper. Das heiße Wasser eines im Keller befindlichen Kessels wurde über ein Steigrohr zum höchsten Punkt der Anlage und zu dem Expansionsgefäß geführt und dann über Verteilungsrohre zu senkrechten Zulaufröhren bis zu den Heizkörpern gebracht.

Bei den Niederdruck-Wasserheizungen zirkulierte in den Heizkörpern Wasser von 80 bis höchstens 95° C. Bei einem Druck von weniger als 1 Atmosphäre gab es keinen inneren Überdruck im Heizkessel. Diese Heizungsart wurde bevorzugt bei Etagenheizungen eingesetzt, bei der der Kochherd die Energiequelle war.

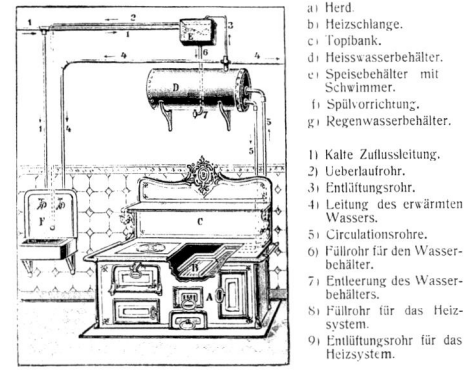

a) Herd.
b) Heizschlange.
c) Topfbank.
d) Heisswasserbehälter.
e) Speisebehälter mit Schwimmer.
f) Spülvorrichtung.
g) Regenwasserbehälter.

1) Kalte Zuflussleitung.
2) Ueberlaufrohr.
3) Entlüftungsrohr.
4) Leitung des erwärmten Wassers.
5) Circulationsrohre.
6) Füllrohr für den Wasserbehälter.
7) Entleerung des Wasserbehälters.
8) Füllrohr für das Heizsystem.
9) Entlüftungsrohr für das Heizsystem.

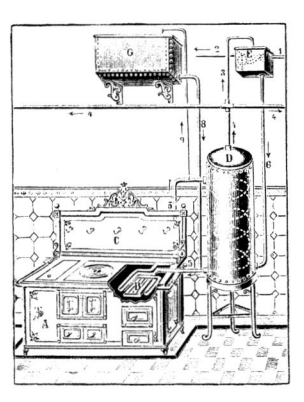

Links: Direkte Warmwasserbereitung mit liegendem Wasserbehälter.
Rechts: Indirekte Heizung mittels Heizschlangen in einem Wasserboiler, 1905.

Mit Hilfe eines Schiebers konnte man den Kessel feuern, ohne die Herdplatte zu heizen, und umgekehrt im Sommer auf einem Sommerrost kochen, ohne den Kessel zu feuern. Die erste Warmwasserheizung mit Niedrigdruck wurde 1834 in einem Gewächshaus eingebaut, 1867 wurde das Berliner Rathaus damit ausgerüstet.

Das seltene Mitteldruck-Warmwasserheizsystem musste bei Wassertemperaturen von etwa 127° C einen geschlossenen Heizkessel besitzen. Anstelle eines offenen Expansionsgefäßes besaß diese Kesselanlage ein Belastungsventil, um den Überdruck von 1 bis 1,5 Atmosphären aufzufangen. Beide Heizungssysteme galten

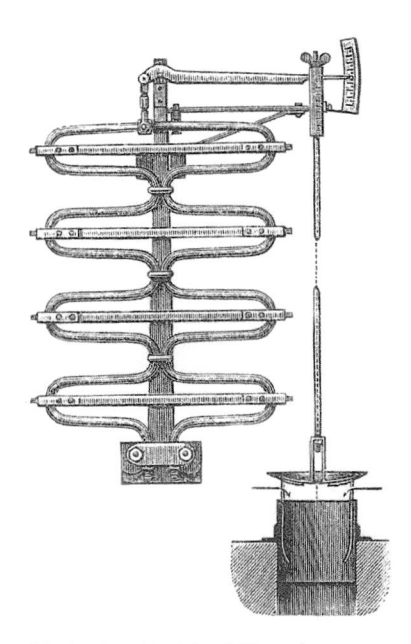

Prinzip einer Hochdruck-Wasserheizung, die von Perkins 1831 erfunden wurde.

als gefahrlos und abnutzungsarm und lieferten eine gleichmäßige Wärmeabgabe. Ihr Nachteil war ein gewisser Zeitverzug beim Anheizen und die Gefahr des Einfrierens bei tiefen Temperaturen. Dieses Problem versuchte Angier March Perkins zu lösen, indem er 1831 eine Hochdruck-Wasserheizung erfand, die ihm zu Ehren auch Perkinsheizung genannt wird. Diese arbeitete mit einem Heizkesseldruck von maximal 6 Atmosphären, was einer Maximaltemperatur von 160° C entspricht. Kessel und Heizungsrohre bildeten eine Einheit, da die Kesselheizfläche und die Raumheizfläche aus einem einzigen, hintereinander geschalteten Rohrzug aus dickwandigen »Perkinsrohren« bestanden, bei denen die Heizkörper ebenfalls ein Teil des gewundenen Rohrsystems waren. Den Vorteilen des raschen Anheizens und des leichten und schnellen Einbaus standen allerdings die Gefahren einer lästigen strahlenden Hitzeentwicklung bei höheren Temperaturen und eine schwierigere Regulierung der Heizkörper entgegen. Durch laufende Verbesserungen ist die Hochdruck-Wasserheizung aber zu einer idealen Fernheizung geworden, die schließlich die Hochdruck-Dampfheizung verdrängt hat.

Das ideale Heizsystem:
Einzelheizung contra Zentralheizung

Heutzutage gibt es nur noch selten Situationen, in denen die Vor- und Nachteile einer Zentralheizung denen einer Einzelheizung mit dem Ziel gegenüber gestellt werden, sich konsequent für oder gegen das eine oder andere Heizsystem zu entscheiden. Die Zentralheizung ist heute zur Standardheizung geworden und Einzelöfen werden in der Regel nur noch zusätzlich integriert, etwa um einem besonderen Raum seinen eigenen Reiz zu geben.

Strahlung oder Konvektion? Lange Zeit gab es umfangreiche Diskussionen darüber, welches die ideale Heizung sei. Ein wesentlicher Aspekt war dabei die Art der Wärmeabgabe. Bekanntlich kann die Wärme eines Ofens auf drei verschiedenen Wegen an seine Umgebung abgegeben werden: als Wärmeleitung durch Kontakt, als Strahlungs- oder als Konvektionswärme. Bei der Wärmeabgabe durch Strahlung erwärmt der Ofen nicht die Raumluft, sondern die Wärmestrahlen werden erst beim Auftreffen auf andere Körper in Wärme umgewandelt. Wie die Sonne geben offene Kamine, Kachelöfen und eiserne Öfen in erster Linie Strahlungswärme ab.

Bei der Wärmeumwandlung durch Konvektion findet eine Luftumwälzung statt, indem die an der Heizfläche entlang streichende Luft unmittelbar die Wärme aufnimmt und weiterleitet. Dies geschieht bei Warmluftöfen mit eingebauten Luftkanälen, in welche kalte Raumluft eintritt, sich erwärmt und wieder austritt. Aber auch die aus mehreren Gliedern zusammengesetzten Radiatoren geben Konvektionswärme ab, da diese durch jede senkrechte Flächen begünstigt wird. Die aufsteigende warme Luft nimmt kalte Luft mit nach oben und sorgt dadurch für Luftbewegungen. Diese bewirken einerseits, dass die Luft in einem Raum durch das Heizen gleichmäßig

Oben: Radiator mit Gliedern, Detroit um 1860.
Unten: Radiator mit Rohren, Washington um 1870.

warm wird, das heißt sowohl am Fußboden als auch an der Decke. Andererseits wird teilweise Staub aufgewirbelt, der dann auf der heißen Heizkörperoberfläche versengen kann. Dies konnte zusammen mit der generell trockeneren Luft der reinen Konvektorheizung zu Atembeschwerden führen.

Je nach Bauart der Öfen und Heizkörper unterscheiden sich die Anteile von Strahlungs- und Konvektionswärme einer Wärmequelle deutlich voneinander. Bei 40° C Oberflächentemperatur hat der Kachelofen zum Beispiel den geringsten Konvektionswert aller Öfen, während ein sehr heißer Ofen viele Luftverwirbelungen hervorruft.

Industrialisierung und Städtebau Die Entwicklung der Zentralheizung im 19. Jahrhundert, dem »Jahrhundert der Technisierung«, wurde durch zwei Aspekte begünstigt. Zu dieser Zeit entstanden besonders in den Städten Industriebetriebe, die ein starkes Anwachsen der Bevölkerung verursachten. Das hiermit verbundene Ansteigen der Bodenpreise führte dazu, dass man beim Bau von Häusern mehr Geschosse als bisher vorsah. Die Beheizung der oft zahlreiche Räume umfassenden Gebäude mit den damals verwendeten verschiedenen Heizofenbauarten ließ dabei viele Wünsche offen.

Hilfreich waren zudem die zusätzlichen technischen Möglichkeiten zum Herstellen der einzenen Elemente – Kessel, Röhren, Heizkörper. Dadurch waren die Investitionskosten nicht mehr so viel teurer waren als die von Einzelheizungen. So fand die Zentralheizung mit ihren Vorteilen zunehmend Anklang: bequeme Bedienbarkeit und Wartung, kein Schmutz und Geruch im Zimmer, Feuersicherheit, nur ein Schornstein ist notwendig, raumweise Regulierung, Gewinn an Wohnfläche. Vor allem letzterer Aspekt hat beim Neubau städtischer Wohnanlagen den Ausschlag gegeben, Zentralheizungen einzuplanen. Denn es war eindeutig wirtschaftlicher, kleine Wohnungen konzipieren zu

Kombiniertes Heizsystem von 1910, bei dem der Kessel für die zentrale Warmwasser-Heizung Teil des Kachelofens war.

Molliges Heim
patentiertes Warmwasserheizungs-System
für Etagenwohnungen & Einfamilienhäuser

können. Dafür nahm man in Kauf, dass das gesamte System in Betrieb gehalten werden musste, auch wenn alle Heizkörper ausgeschaltet waren. Immerhin bedeutete dies gleichzeitig den Vorteil, dass an allen Tagen heißes Wasser verfügbar war, auch wenn der Kessel nur auf minimaler Flamme eingestellt war. Zuweilen entschied man sich auch für eine Kombination von Zentralheizung und Einzelofen, um die Vorteile beider Heizsysteme entsprechend nutzen zu können.

Durchbruch der Wasserheizung Die Dampfheizungen etablierten sich zuerst in größeren öffentlichen Objekten wie Krankenhäusern, Gerichtsgebäuden oder Kasernen. Für diese Bauten erschienen die Vorteile der Zentralheizung gegenüber der Einzelheizung von größerer Bedeutung als für Privatwohnungen, vor allem überzeugte die geringere Brandgefahr sowie die niedrigeren Herstellungs- und Betriebskosten. Als die Zentralheizung auch in den Häusern wohlhabender Bürger und im städtischen Wohnungsbau Einzug fand, löste Wasser den Dampf ab, da dessen Nachteile nun überwogen: die Anforderungen an die Wasserqualität waren sehr hoch, da die Rückstände – Kalk, Mineralien, Salze – das System belasteten, idealerweise musste destilliertes Wasser verwendet werden; durch die Kombination von Kondenswasser, hohen Temperaturen und dem nicht vermeidbaren Sauerstoffeinlass war das Gusseisen stark korrisionsgefährdet; die Heiztemperatur war schlecht regelbar und mit über 100° C für Wohnräume zu hoch, die Verbrennungsgefahr an den Heizkörpern groß. Diese Aspekte führten dazu, dass die Dampfheizung schließlich nahezu vollständig von der Wasserheizung verdrängt worden ist. Heute wird Dampf nur noch in Ausnahmefällen als Wärmeträger verwendet, beispielsweise in Wäschereien, in denen ohnehin Dampf entsteht.

Generell setzte sich die Zentralheizung gegenüber den Einzelöfen allerdings nur sehr langsam durch. So waren 1910 beispielsweise in Berlin erst acht von 100 neu gebauten Wohnungen mit Zentralheizungen ausgestattet, vornehmlich solche mit mehr als fünf Zimmern. Erst in den 1920er und 1930er Jahren fand sie verstärkt Anklang, weil die Investitionskosten inzwischen gesunken waren. Die erste Berliner Wohnanlage mit kompletter

Warmwasser-Zentralheizung war die »Weiße Stadt« in Reinickendorf, die insgesamt 1286 Wohnungen umfasste und 1930 fertiggestellt wurde. Dies war zwar der Anfang des Siegeszuges der Zentralheizung, dennoch gingen noch Jahrzehnte ins Land, bevor ihre Verbreitung in etwa der heutigen entspricht. Noch 1958 dienten in fast 90 Prozent aller Haushalte in der BRD und in Berlin Einzelöfen als Heizung. Heute ist es umgekehrt. Die Zentralheizung ist zur Standardlösung geworden und nahezu in allen Haushalten Deuschlands das einzige Heizsystem. Zimmeröfen dienen in der Regel nur mehr dazu, einem Raum eine besondere Gemütlichkeit zu verleihen.

»Das behagliche Heim« um 1910 aus der Sicht einer Werbeschrift der Nationalen Radiator Gesellschaft, Berlin.

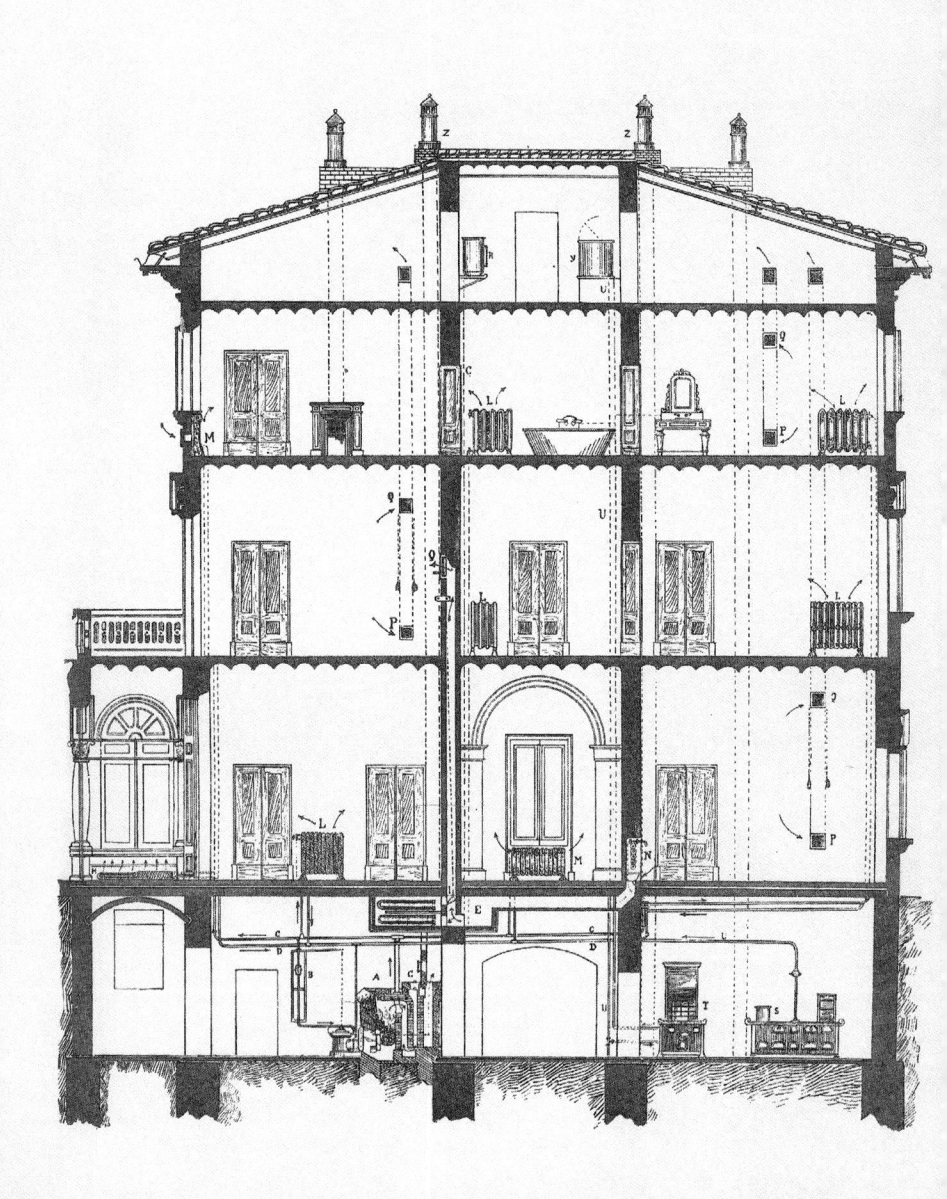

Hausplanung einer Zentralheizung um 1900 mit kombinierter Luftheizung für die Flure und Warmwasserheizung für die Zimmer. A = Brenner, B = Regler, C = Vorlauf, D = Rücklauf, E = Frischluftzufuhr, F, L, M = Radiatoren, H, N = Rippenrohrheizkörper, I = Warmluftkanal, O = Warmluftaustritt, P = Luftzufuhr Winter, Q = Luftzufuhr Sommer, R = Ausdehnungsgefäß, S, U, Y = Heizkessel, T = Heizkessel und Küchenofen, Z = Entlüftungskamine für den Rauchabzug.

Zentralheizung: Kessel, Röhren, Heizkörper

Gegen Ende des 19. Jahrhunderts entwickelte sich in Europa die noch heute übliche Anordnung einer Zentralheizung mit Brennkessel, Röhrensystem und Heizkörpern in den einzelnen Zimmern. Diente anfangs noch Dampf als Wärmeträger, so wurde dieser bald durch Wasser abgelöst. Eine Zentralheizung kann der Versorgung von Wohnungen, Stockwerken oder ganzen Gebäuden jeder Größe dienen. Es gibt auch Heizkraftwerke, die über Fernwärme einen ganzen Stadtteil versorgen.

Die Entwicklung von gusseisernen Heizkörpern begann um 1840 in Amerika, wenig später wurden sie auch in Europa hergestellt. Sie waren nunmehr bereits aus verschiedenen Gliedern, die ihnen ihr typisches rippenförmiges Aussehen gaben, aneinander gefügt, und konnten so flexibel den Raumanforderungen angepasst werden. Je nach gewählter Ausführung bestanden die einzelnen Glieder aus einer oder mehreren Säulen und waren mit ihrem Oberflächendekor und ihren Standfüßen Schmuckstücke in jedem Wohnungsinterieur.

Als bahnbrechender Begründer der Wissenschaft der Heizungs- und Lüftungstechnik gilt in Deutschland Prof. Hermann Immanuel Rietschel, 1847 in Dresden geboren. Durch seine über 25 Jahre dauernde Tätigkeit als Hochschullehrer und Forscher an der Technischen Hochschule Berlin-Charlottenburg hat er in der ganzen Welt zur Entwicklung und Erhöhung des Ansehens dieses Fachgebietes beigetragen. In der von ihm gegründeten »Prüfungsstation für Heizungs- und Lüftungseinrichtungen« – heute Hermann-Rietschel-Institut für Heizungs- und Klimatechnik – wurden experimentelle Untersuchungen durchgeführt, die als Grundlage für einen Großteil der noch heute angewendeten Berechnungsverfahren dienten.

Grundprinzip einer Zentralheizung

Bis heute hat sich an der Grundkonzeption einer Zentralheizung – die früher auch Sammelheizung genannt wurde – nicht viel verändert, auch wenn im Laufe der Zeit etliche Verbesserungen stattgefunden haben.

Eine Zentralheizung besteht im Wesentlichen aus einem Heizkessel, einem Rohrleitungssystem, Heizkörpern sowie je nach System Zusatzeinrichtungen wie Expansionsgefäß und Ventile. Die Wärme wird zentral – im Kessel – erzeugt, über Rohre mittels Dampf oder Wasser zu den verschiedenen Räumen transportiert und dort zu den Heizkörpern geführt, welche die Wärme an die zu heizenden Räumen abgeben.

Schwerkraftprinzip oder Umwälzpumpe Die Warmwasserheizung funktionierte zunächst ohne die Zwischenschaltung einer Pumpe nach dem Prinzip der Schwerkraft: Erhitztes Wasser wird spezifisch leichter und versucht sich auszudehnen, dadurch steigt es in das Röhrensystem auf. Durch seine allmähliche Abkühlung wird es wieder schwerer und sucht den Weg nach unten. Somit entwickelt sich ein ständiger Austausch abfließenden heißen Wassers und rückfließenden kalten Wassers.

Dementsprechend wurde das heiße Wasser eines im Keller befindlichen Kessels über ein Steigrohr zum höchsten Punkt der Anlage und dort zu dem Expansionsgefäß geführt – dieses regelte die unterschiedliche Ausdehnung der Wassersäule bei sich verändernden Temperaturen – und wurde dann über Verteilungsrohre zu senkrechten Zulaufröhren bis zu den Heizkörpern in den Räumen transportiert.

Das Schwerkraftprinzip funktionierte umso besser, je höher der Temperaturunterschied und je größer die Höhendifferenz zwischen Kessel und Heizkörper waren. Um möglichst wenig Reibungswiderstand zu erzeugen, wurden in der Frühzeit der Warmwasserheizung weite, dicke Rohre zum Transport des Wassers verwendet. Dieser hohe Materialaufwand für die Rohrleitungen war ebenso wie die deshalb benötigten hohen Temperaturen der Grund dafür, dass Warmwasserheizungen mit Schwerkraft verhältnismäßig teuer waren. Deshalb konnte sich mit der breiten Verfügbarkeit von Elektrizität rasch die Pumpenwarmwasserheizung durchsetzen, die bis heute eingesetzt wird. Nachtrauern kann man der Warmwasserheizung nach dem Schwerkraftprinzip unter zwei Aspekten: Erstens war sie absolut geräuschlos, und zweitens würde sie trotz Stromausfall weiter arbeiten.

Durch die eingebaute Umwälzpumpe, die nun für den Kreislauf des Wasser sorgte, konnten die Rohre kleiner konzipiert werden und die Temperaturen mussten nicht mehr so hoch sein. Beides ließ die Kosten sinken. Heutige Zentralheizungen können offiziell eine maximale Betriebstemperatur von 110° C erreichen, was aber aufgrund von integrierten Sicherungssystemen nahezu ausgeschlossen ist. Selbst die Norm von 90° C ist in der Regel zu hoch. Bei einer gewünschten Raumtemperatur von 20° C liegt die durchschnittliche Betriebstemperatur des Wassers mittlerweile zwischen 65 und 70° C. Das resultiert aus der Tatsache, dass Gebäude zunehmend besser isoliert sind, gleichzeitig aber eine unverändert große Heizkörperfläche zur Verfügung steht, in der Regel entsprechend der Fensterbreite. Es werden sogar schon Heizsysteme realisiert, bei denen das Wasser nur noch mit 55° C in den Heizkörper zirkuliert. Viel niedrigere Temperaturen sind allerdings kaum sinnvoll, da dann der thermische Auftrieb im Raum fehlte, die Luft nicht umgewälzt würde und kalte Füße bei einem warmen Kopf die Folge wären. Die Heißwasserheizung, bei der die Betriebstemperatur über 110° C liegt, ist heute nicht mehr im privaten Bereich angesiedelt, sondern – wenn überhaupt – in industriellen Anlagen.

Heizkessel und Rohrleitungen

Das Kernstück einer jeden Zentralheizung sind der Kessel sowie die Rohrleitungen für den Abtransport der Wärme – die notwendige Technik, ohne die es keine behagliche Wärme an den einzelnen Heizkörpern in den Zimmern gäbe.

Der Heizkessel Der Kessel, der sich in der Regel im Keller eines Hauses befindet, konnte früher entweder für die Erhitzung von Wasser, für die Erzeugung von Wasserdampf oder bei gemischten Heizsystemen für beides zugleich ausgerichtet sein. Heute sind Kessel zur Erhitzung von Wasser die Regel. Als Brennmaterialen für die Befeuerung des Kessels wurden anfangs vornehmlich Holz, Torf, Kohle und Koks verwendet, heute sind Öl und Gas üblich, aber auch Elektrizität ist möglich. Es gibt auch kombinierte Kessel, die zum Beispiel alternativ mit Öl oder Holz befeuert werden können und die heute wieder aus Sparsamkeits- und Ökologiebestrebungen eingebaut werden.

Anordnung der Rohre: Zweirohr- oder Einrohrsystem Beim Rohrleitungssystem einer Zentralheizung unterscheidet man in Zweirohr- und Einrohrsysteme. Beim Zweirohrsystem läuft das erhitzte Wasser aus dem Kessel über eine Vorlaufleitung zu den Heizkörpern und danach als Rücklaufwasser durch ein zweites Rohrsystem zurück zum Kessel. Beim Einrohrsystem dagegen wird sowohl das heiße als auch das abgekühlte Wasser über ein einziges Rohrsystem – eine Ringleitung – transportiert.

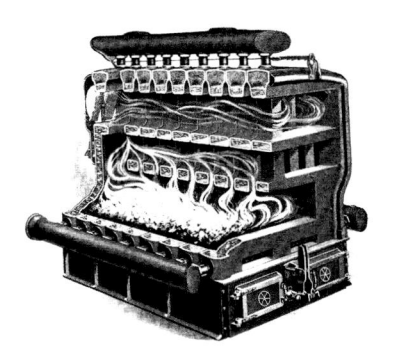

Heizkessel der Firma Pierce American, gebaut etwa um 1919. Links ein Dampfkessel, rechts ein Wasserkessel.

Beide Systeme existieren heute nebeneinander, jedes hat Vor- und Nachteile. So fließt beispielsweise beim Zweirohrsystem in alle Heizkörper das Wasser mit derselben Temperatur hinein, während es beim Einrohrsystem beim letzten Heizkörper theoretisch schon abgekühlt ist, so dass hier eine größere Heizfläche nötig wäre, um die gleiche Heizleistung zu erbringen. In der Praxis löst man dieses Problem unter anderem durch einen veränderten Rohrdurchmesser. Dadurch ist dieses System beim Einbau etwas aufwendiger zu berechnen und zu dimensionieren, so dass das Zweirohrsystem gebräuchlicher ist. Für das Einrohrsystem spricht allerdings, dass auf die Installation eines zweiten Rohrsystems verzichtet werden kann.

Als Material waren früher Leitungen aus Kupfer – wegen der guten Wärmeleitfähigkeit–, aber auch aus Stahl und aus Gusseisen im Einsatz. Die Durchmesser konnten je nach Verwendung verschiedene Maße aufweisen.

Heizkörper: Terminologie und Bauvarianten

Es gibt viele Begriffe für denjenigen Teil der Heizung, an dem die Wärmeübergabe an den Raum stattfindet. Der allgemeine Oberbegriff Heizkörper kann vieles beinhalten. Je nach Material, Bauweise, Wärmeträger, Anbringung im Haus usw. sind die unterschiedlichsten sprachlichen Varianten möglich. Ebenso wird die Definition, was ein Rippenheizkörper, ein Gliederheizkörper oder ein Radiator ist, vielfach nicht einheitlich verwendet.

Fülle an Heizkörpertypen Heizkörper können sich durch das Material, aus dem sie gefertigt sind, unterscheiden. So können sie aus Kupfer, Gusseisen oder Stahlblech bestehen – oder neuerdings wieder wie im Alten Rom aus Marmorplatten. Nach der Art des Wärmeträgers spricht man von Wasserdampfheizkörpern, Wasserheizkörpern, Elektroheizkörpern oder Gasheizkörpern. Je nach ihrer Bauart unterscheidet man in Röhrenheizkörper, Heizschlangenheizkörper, Rippenrohrheizkörper, Plattenheizkörper oder Gliederheizkörper. Die Anzahl der vertikalen Unterteilungen eines Gliedes macht Heizkörper zu einsäuligen, zweisäuligen, drei- oder mehrsäuligen Heizkörpern.

Je nach Lage der Heizkörper innerhalb eines Hauses oder einer Wohnung spricht man von Badezimmerheizkörpern, Flurheizkörpern, Fensternischenheizkörpern u.ä. Ist ein Heizkörper mittels spezieller Aufhängungen an einer Wand befestigt, so bezeichnet man ihn als Wandheizkörper, steht er dagegen auf kleinen Füßen, ist es ein Standheizkörper. Demnach richtet sich die Bezeichung auch nach der Befestigungsart.

Entsprechend der Gliederanordnung handelt es sich um einen linearen, winkligen, abgerundeten oder kreisförmigen Heizkörper. Seine *Höhe* entscheidet darüber, ob er als niedrig, halbhoch, hoch oder wandhoch bezeichnet wird.

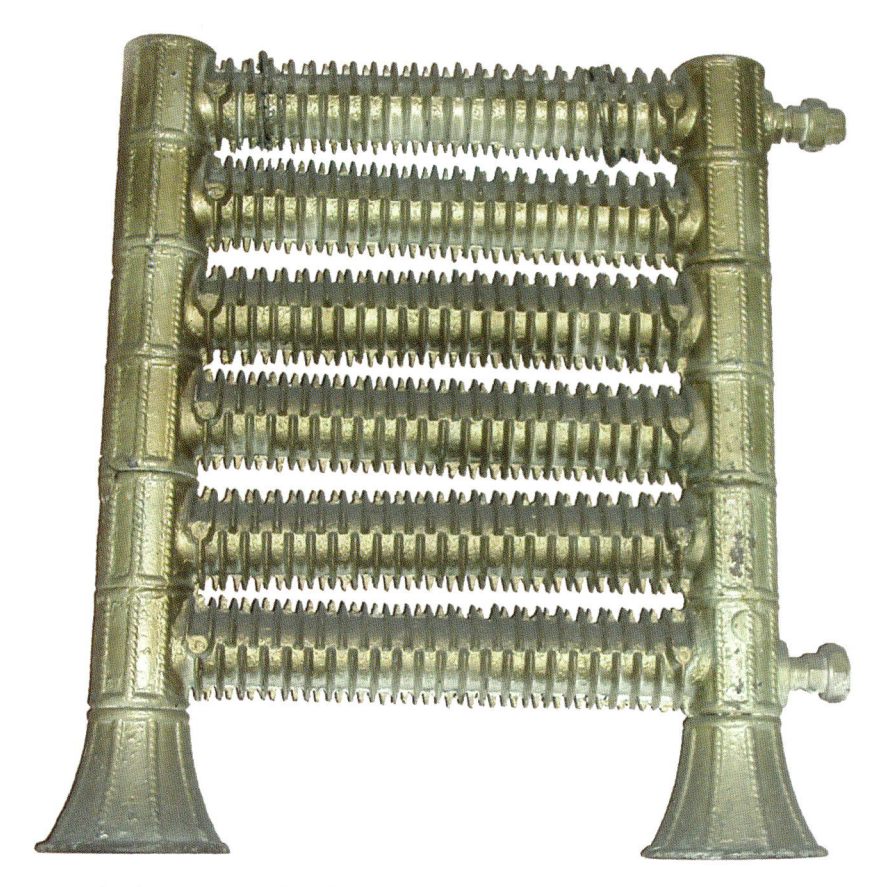

Einer der ältesten Rippenrohrheizkörper aus Chicago, Baujahr 1840, der sich heute in der Sammlung von Andera in Maastricht befindet.

Konvektor, Radiator, Rippen- oder Gliederheizkörper? Ein Konvektor ist ein Heizkörper, der vornehmlich Konvektionswärme abgibt, das heißt vorrangig die Luftzirkulation zum Wärmetransport nutzt. Ein Beispiel dafür ist der Rippenrohrheizkörper, einer der ersten Heizkörper der Zentralheizung. Bei ihm vergrößern zahlreiche dünne, lamellenförmige Rippen die Heizfläche und verbessern die Übertragung der Wärme an die Luft. Dagegen steht bei den Radiatoren, die sich Ende des 19. Jahrhunderts entwickelten, die Strahlungswärme im Vordergrund. Das Brockhaus Konversations-Lexikon von 1903 kennt zum Stichwort Radiator lediglich zwei Zeilen: »*(lt. Strahler), Bezeichnung für die Heizkörper der Dampf- und Wasserheizungen*«. Ausführlicher ist der Band von 1972. Hier heißt es sehr viel fachlicher: »*(lat.) Zentralheizungs-Heizkörper aus einer Anzahl gußeiserner oder stählerner Hohlkörper von langgestrecktem, ellipt. Querschnitt, deren Hohlräume durch obere und untere Gewinderohrnippel oder Schweißung in Verbindung miteinander stehen.*«

Im Grunde ist mit einem Radiator also ein solcher Heizkörper gemeint, der aus mehreren hohlen Gliedern zusammengesetzt ist und in erster Linie Strahlungswärme und nicht Konvektionwärme abgibt. Zwar kennt man in der modernen Fachsprache der Heizungstechniker – unter anderem in einer Montageanleitung der Buderus Heiztechnik GmbH – auch die Bezeichnung der Guss- und Stahlradiatoren, welche als Heizkörperblocks mit variablen Gliederzahlen beschrieben werden, die mit Nippeln mit Rechts- und Linksgewinde zusammengeschraubt sind. Da diese konstruktiven Aspekte hier im Vordergrund stehen, sprechen die Techniker bei diesen Heizkörpern allerdings häufiger von Gliederheizkörpern als von Radiatoren. Andererseits verwenden sie die Bezeichnung Radiator zuweilen auch als Oberbegriff für Gliederheizkörper und die heute üblichen flachen Plattenheizkörper, obwohl die Plattenheizkörper zum großen Teil Konvektionswärme abgeben.

Den Begriff der Rippenheizkörper verwenden die Heizungstechniker in der Regel nur noch als Abkürzung für die Rippenrohrheizkörper, also für jene frühe Konstruktion aus Rohren und Rippen, die kaum Strahlungswärme abgab. Dagegen verbindet jemand, der nicht in der Heizungstechnik tätig oder auf diesem Gebiet besonders bewandert ist, üblicherweise den Begriff Rippenheizkörper mit dem aus mehreren Gliedern zusammengesetzten Heizkörper. Der bauhistorisch Interessierte, der Architekt, der Denkmalpfleger und der Altbausanierer, sie alle sprechen fast ausnahmslos von Rippenheizkörpern, von gusseisernen Heizkörpern oder von antiken Radiatoren. Dabei ist die Optik – die außen hervorstehenden, innen hohlen Rippen – für Laien das wesentliche Erkennungsmerkmal, an dem sie ihre Bezeichnung ausrich-

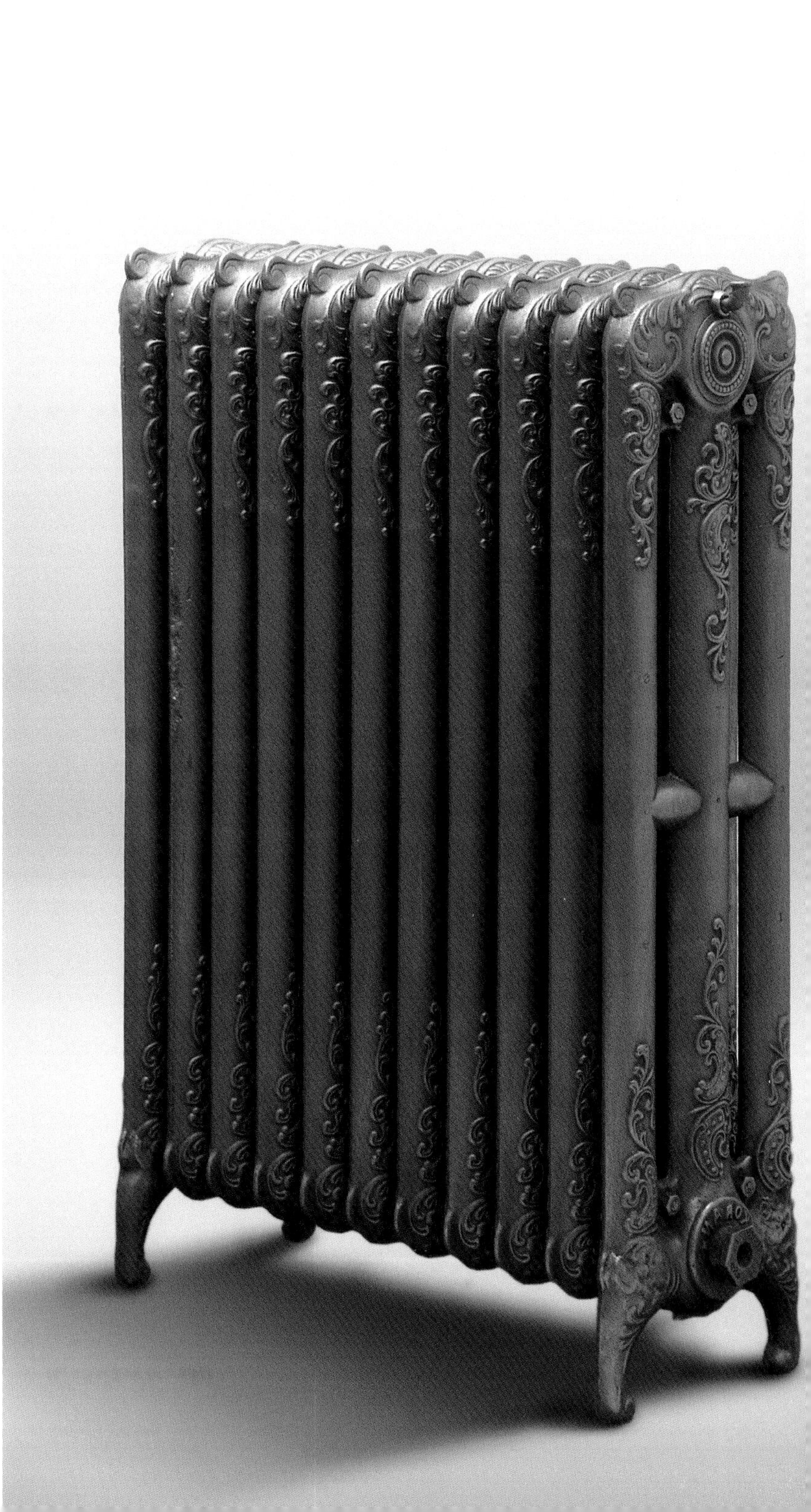

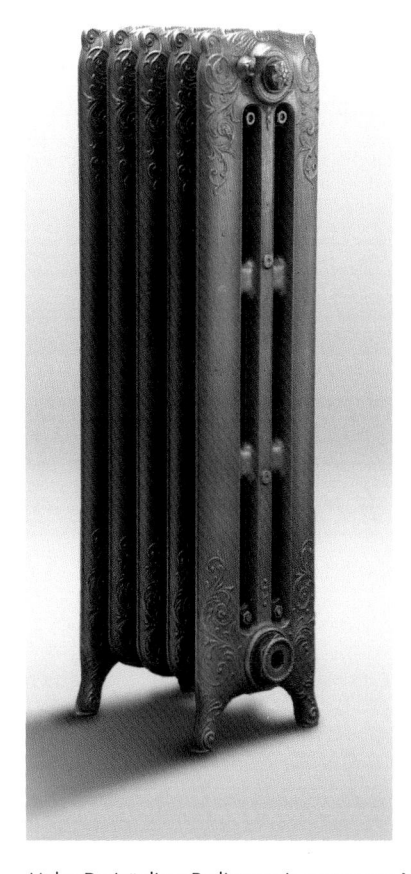

Links: Dreisäuliger Radiator mit gepressten Nippeln, Washington um 1860.

Unten: Links ein geschraubtes Modell, Washington um 1860, rechts ein seltener Röhrenheizkörper, Washington um 1870.

tet. Der Begriff der Glieder aus der Sprache des Heiztechnikers, aus denen ein Gliederheizkörper zusammengesetzt wird, ist ihnen eher fremd.

In diesem Sinne wird in diesem Buch von gusseisernen Rippenheizkörpern oder von gusseisernen Radiatoren gesprochen, die für die Blütezeit dieser Heiztechnik von etwa 1860 bis 1930 typisch waren.

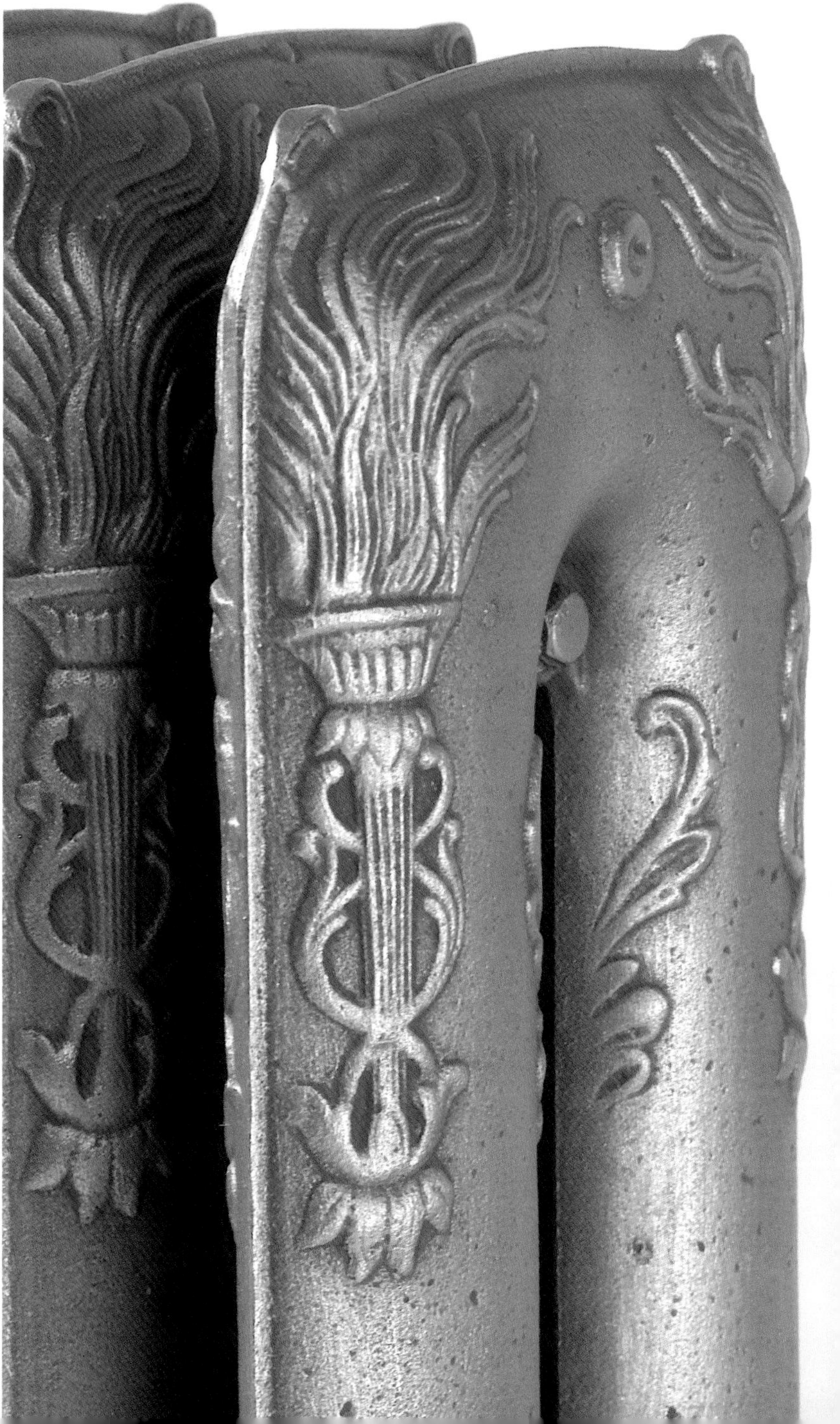

Gusseiserne Heizkörper: Funktion, Technik und Design

Gusseisen in der Ofenherstellung
Gusseisen ist ein sehr hitzebeständiger und robuster Werkstoff. Als in Europa um 1400 erstmals das Gießen von Eisen gelang, stellte man zunächst Geschützrohre und -kugeln her, erst später folgten Ofenplatten. Ende des 16. Jahrhunderts waren die Eisengießer imstande, Ringe herzustellen, aus denen Rundöfen gebaut wurden. Die ersten gusseisernen Heizkörper wurden um 1840 in Amerika angefertigt, da man hier hinsichtlich der Gießtechnologie weiter war. Mit dem Übergang von der handwerklichen zur industriellen Eisengießtechnik und vor allem mit Beherrschung des Hohlgusses konnten Ende des 19. Jahrhunderts auch in Europa Heizkörper hergestellt werden.

Gusseisen: Geschichtlicher Rückblick In China gelang es erstmals um 500 v. Chr., Eisen zum Gießen von Werkzeugen, Töpfen, Herden und Kunstgegenständen zu nutzen. Bis sich diese Technik in Europa entwickelte, vergingen allerdings fast 2000 Jahre. Erste Zeugnisse für Gusseisen finden sich im westlichen Deutschland und im östlichen Frankreich um 1400 n. Chr., nachdem die technischen Voraussetzungen für das Schmelzen von Eisen in Schacht- und Tiegelöfen beherrscht wurden. Zunächst stellte man Geschützrohre und –kugeln her, Mitte des 15. Jahrhunderts folgten dann »Friedenswaren« wie Wasserleitungsrohre, Glocken und erste Ofenplatten.

Die frühesten urkundlichen Nachrichten über die Verwendung von Gusseisen bei der Ofenherstellung in Deutschland finden sich im Siegerland und stammen aus dem Jahr 1486/87. Hier im Lahngebiet wurden wohl als erstes gusseiserne Platten hergestellt, die zunächst als Kaminplatten dem Schutz der Wand dienten und später als Taken die Wärme in den angrenzenden Raum übertrugen.

Links: Detail eines zweisäuligen Radiators – Modell »Olympia « –, der etwa um 1860 in Washington gebaut wurde.

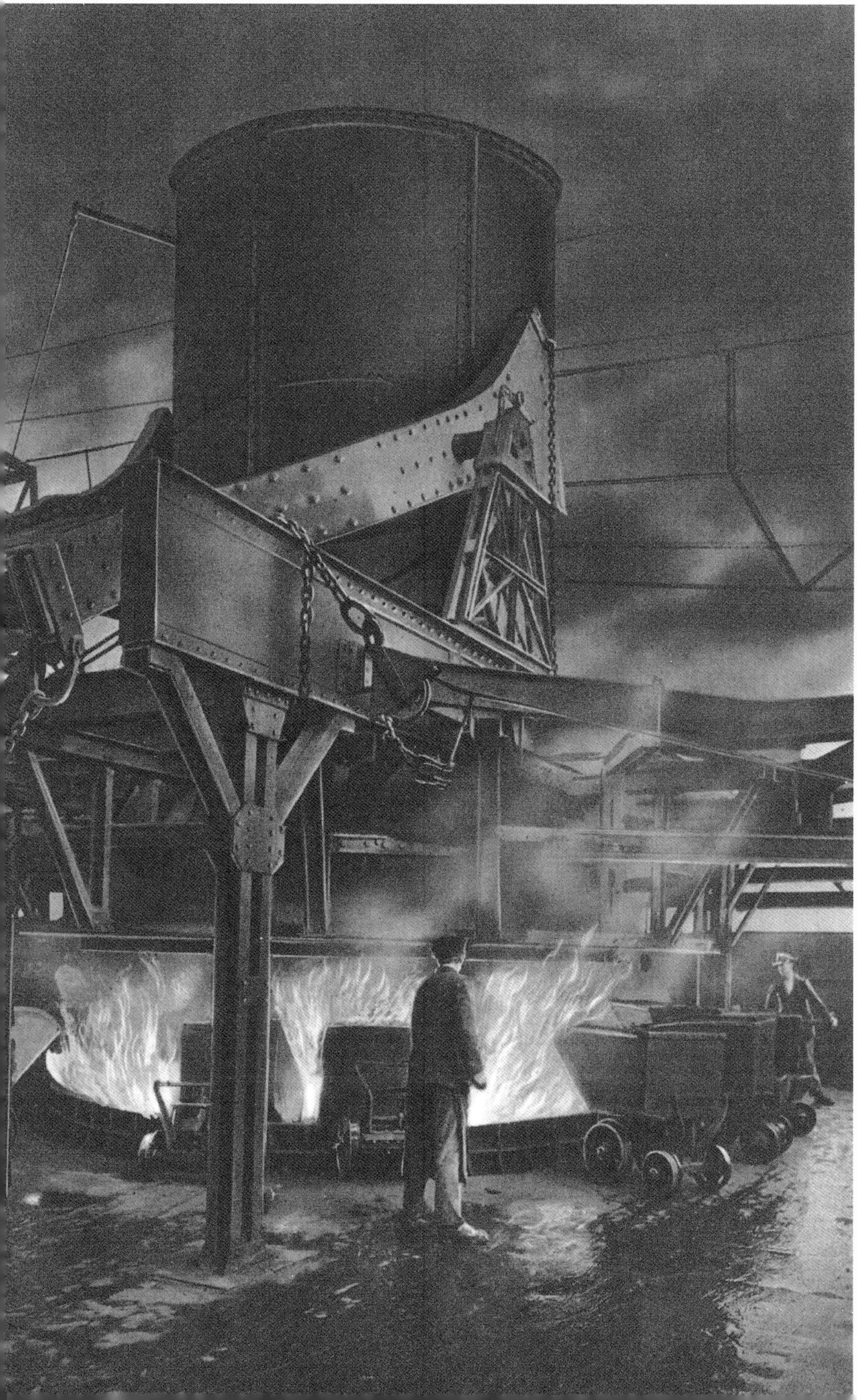

Etwa ab 1500 gewann schließlich auch die künstlerische Gestaltung an Bedeutung. Von 1800 an lösten sich aus technologischen Gründen die Eisengießereien von den Hüttenwerken. Als erste unabhängige Eisengießerei in Deutschland gilt die 1804 gegründete Königliche Eisengießerei in Berlin. Mit der zunehmenden Industrialisierung ab 1850 stieg die Nachfrage nach Gusseisen deutlich, während parallel dazu gewalzter Stahl als konkurrierender Konstruktionswerkstoff aufkam.

Grundlegende, naturwissenschaftliche Erkenntnisse förderten im 19. Jahrhundert die fabrikmäßige Herstellung von Gusseisen. So wurde zu dieser Zeit etwa der Einfluss von Silizum auf die Graphitbildung bekannter. Zudem konnte man durch das Tempern, eine spezielle Wärmebehandlung von Gusseisen, dessen Festigungseigenschaften verbessern. Ferner gelang es, das Putzen der Gussstücke aus der Form, das heißt das Befreien der gegossenen Teile von Eingüssen, Grat und Sandanhang, auf mechanischem Wege vorzunehmen.

Links: Das Begichten eines Hochofens, Darstellung von 1912. Phoenix AG.

Unten: Gießer der Main-Weser-Hütte der Buderus'schen Eisenwerke in Lollar mit ihren Werkzeugen und Produkten – Kessel- und Radiatorenglieder – zu Beginn des 20. Jahrhunderts. 1895 hatte man hier mit dem Guss von Gliedern zu Heizkesseln begonnen, 1898 mit der Herstellung von Radiatoren.

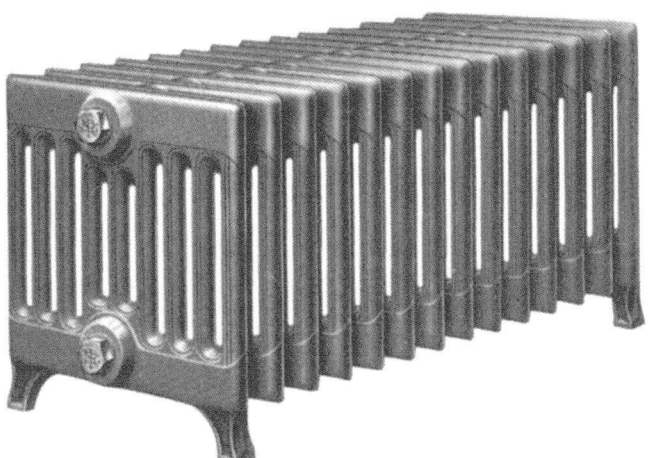

Oben: Zweisäuliger Radiator, etwa um 1860 in Washington gebaut.
Unten: Neunsäuliger niedriger Fenster-Radiator »Ideal Classic« aus dem Jahr 1934 von der Firma National Radiatoren. Heizfläche eines Gliedes betrug 0,23 m^2.

Gusseisen: Werkstoffeigenschaften Gusseisen als Werkstoff zeichnet sich durch seine große Hitzebeständigkeit und Langlebigkeit aus. Langlebig ist Gusseisen vor allem deshalb, weil es in der Regel dickwandig verarbeitet wird, so dass es länger dauert, bis das Ansetzen von Rost einen wirklichen Schaden verursacht. Seine Robustheit verdankt es auch seiner besonders harten Gusshaut, die sich beim Gießen des Eisens bildet. Sie ist reich an Silizium, das aus dem Formsand in die Oberfläche diffundiert. Das Silizium aus der Eisenschmelze hingegen wirkt sich auf die Ausbildung des Kohlenstoffs als Graphit aus, der entweder lamellenförmig oder kugelig sein kann. Der Anteil von Kohlenstoff im Gusseisen beträgt zwischen 2 und 4 Prozent.

Gusseisen: Herstellungstechniken Während das Eisen anfangs wie beim Bronzeguss in Lehmformen gegossen wurde, entwickelte sich im 17. Jahrhundert das Formen mit Sand in einem Formkasten. Mit der Verwendung von Holzmodellen, die ein Negativabbild erzeugen, wurde der Serienguss im offenen Sandbett möglich. Ende des 15., Anfang des 16. Jahrhunderts ermöglichten Verbesserungen hinsichtlich Gusstechnik und Formschneiden bebilderte Ofenplatten. Formenschneider schnitzten ein hölzernes Flachrelief (Model), das – auf ein Modellbrett genagelt – in den feuchten Formsand gedrückt wurde. Der Abdruck, der genau waagerecht liegen musste, bildete das Negativ der Gussform, in die das flüssige Eisen gegossen wurde. Der Guss von Ofenplatten war schwieriger als der von Kaminplatten, da sie gleichmäßig dick sein mussten, um nicht durch Wärmespannungen zu zerspringen. Zum Ende des 16. Jahrhunderts war die Gusstechnik so weit fortgeschritten, dass die Eisengießer breite und gleichmäßig starke Ringe herstellen konnten, so dass die ersten Rundöfen angefertigt werden wurden.

Ende des 18. Jahrhunderts brachte die Entwicklung des Feineisengusses neue Impulse, verstärkt wurden filigrane Kleinteile angeboten. Mitte des 19. Jahrhunderts vollzog sich bei den Eisenöfen der Übergang von der handwerklichen zur industriellen Gießtechnik. Entsprechend dem Aufkommen der Zentralheizung gab es in Europa um 1880 die ersten gusseisernen Heizkörper, die nun den Zimmeröfen Konkurrenz machten.

Hohlguss: Voraussetzung für die Heizkörperproduktion Für die Herstellung von Heizkörpern musste man den Guss von Hohlkörpern beherrschen, der erst durch das Gießen mit einem Kern möglich wurde. Das Formen der eisenfreien Kerne war zunächst sehr schwierig und gelang in Europa bei vielen Firmen erst dann, als man sich Unterstützung von spezialisierten Eisengießern aus Amerika geholt hatte. Denn dort hatte man früher geeignete Verfahren entwickelt.

Die Anfertigung eines Kerns geschah schließlich folgendermaßen: Zunächst schnitzte oder fräste man ein Modell, meist aus Lindenholz, da dieses besonders splitterfrei war. Dieses Modell, quasi die Ursprungsform, war die Positivform, mit der man ein Negativabbild aus Sand erzeugte. Der Sand wurde mit Bindemitteln versetzt, damit er die spätere Schmelze aushielt. Dieser Sandkern wurde anschließend innerhalb eines äußeren Körpers befestigt, der aus zwei Teilen bestand – einem Ober- und einem Unterkasten. Danach wurde in die Zwischenräume zwischen Sandkern und äußerem Körper flüssiges Eisen gegossen. Anschließend wurde der Sandkern aus dem entstandenen Hohlkörper entfernt, was meist mit hineingepresster Druckluft erfolgte.

Diese Methode entspricht im Grunde auch noch dem heute üblichen Verfahren in der Produktion, allerdings wird die Ursprungsform, sprich die erste Positivform, heute nicht mehr aus Holz gefertigt, sondern aus Metall, in der Regel aus Stahl. Dies hat den Vorteil, dass es sich um keine verlorene Form handelt wie beim Sand, sondern dass sie mehrfach benutzt werden kann.

Röhrenheizkörper, der oben mit einem Gitter abschließt, Washington um 1870.

Wurzeln in Amerika: Industrielle Power

Die ersten gusseisernen Heizkörper für Zentralheizungen wurden um 1840 in Amerika gebaut, wo man den Europäern in gießtechnischer Hinsicht weit voraus war. Marktbeherrschend war die American Radiator Company aus New York, die Anfang des 20. Jahrhunderts rund 30 Niederlassungen in den gesamten USA aufweisen konnte. Seit 1880 vertrieb sie ihre Heizkörper sowie Kessel und Zubehör über Vertretungen auch in Europa. Die deutsche Tochterfirma hieß Nationale Radiator Gesellschaft mbH und hatte mit Neuss, Berlin und Schoenebeck gleich drei Firmensitze. Weitere Niederlassungen gab es in England, Frankreich, Italien, Belgien, Deutschland, Österreich und Spanien. 1929 schloss sich die American Radiator Company mit der 1899 entstandenen Standard Sanitary Manufactoring Company zusammen. Zunächst nannte sich das neue Unternehmen American Radiator & Standard Sanitary Corporation, ab 1967 hieß es American Standard. Heute zählt die Firma weltweit zu den größten Anbietern von Klimaanlagen, Heizsystemen sowie Küchen- und Badinstallationen. Ein anderes amerikanisches Unternehmen, das seit Mitte des 19. Jahrhunderts Heizkörper herstellte und vertrieb, war die 1839 gegründete Pierce, Butler & Pierce MFG. Corp, ebenfalls mit Sitz in New York.

In Europa war es die Main-Weser-Hütte der Buderus'schen Eisenwerke im hessischen Lollar, die als eine der ersten 1898 erstmals gusseiserne Heizkörper anfertigte. Nach langwierigen Versuchen, Kerne für den Hohlguss herzustellen, gelang es der Main-Weser-Hütte schließlich, den deutsch-amerikanischen Formermeister Josef Scherer für das Vorhaben zu gewinnen, in Lollar eine Radiatorproduktion nach amerikanischem Muster aufzubauen. Neben dem Know-how bezog man dafür auch spezielle Bearbeitungsmaschinen aus Übersee.

Weitere bedeutende Firmen der Heizkörperherstellung in Deutschland waren in dieser Zeit die Johannes Haag`sche Maschinen- und Röhrenfabrik in Augsburg, Heckmann & Zehender in Mainz – die Vorgängerin der späteren Firma Käuffer & Co –, Bechem & Post sowie das Eisenwerk Rudolf Otto Meyer in Mannheim, aus dem um die Jahrhundertwende das Strebelwerk hervorgegangen ist.

Rippenrohrheizkörper: Konvektionswärme pur

Als erste Heizkörper dienten einfache Rohre in Schlangenform oder zusammengeschweißte Vertikal- und Horizontalrohre, die ohne viel Aufwand selbst hergestellt werden konnten und deren Grundaufbau heute bei Badezimmerheizungen wieder modern sind. Rippenrohrheizkörper, auch Rippenregister, Batterie- oder Rippenheizkörper genannt, brachten dann deutliche Verbesserungen der Heizleistung. Sie bestanden aus einem gusseisernen Kasten oder mehreren vertikal und waagerecht angeordneten Röhren, in denen Wasser oder Dampf zirkulierte. Zur Verbesserung der Heizwirkung wurden sie mit zahlreichen, lamellenartigen, dünnen Blechrippen versehen, welche die Oberfläche der Rohre stark vergrößerten. Da sich die Rippen vornehmlich gegenseitig anstrahlten, gaben die Rippenrohrheizkörper in den Raum nahezu ausschließlich Konvektionswärme ab. Die Vergrößerung der Heizfläche bewirkte eine bessere Übertragung der Wärme an die Luft. Dasselbe Prinzip – wenn auch mit umgekehrtem Vorzeichen – kam bis zum 1. Weltkrieg in der Autoindustrie bei Wasserkühlern zum Einsatz, als die Motorwärme durch den Fahrtwind gekühlt wurde. Die Rippen der Heizkörper konnten auch schräg gestellt sein, wodurch eine noch raschere Luftbewegung zwischen den Rippen erzielt werden sollte. In Wohnräumen und sonstigen besser ausgestatteten Räumen gab man diesen nicht sehr ästhetisch wirkenden Heizkörpern zumeist eine verzierte schrankartige Holzverkleidung. Die Holzverkleidung besaß für die Luft am Fußboden eine Eintrittsöffnung und oben eine vergitterte Austrittsöffnungen. Auch konnte vor der oberen Öffnung ein Schieber angebracht sein, mit dem der Austritt der Luft geregelt werden konnte. Durch teilweises Öffnen des Schiebers konnte die Wärme, die in den Raum abgegeben wurde, beliebig reguliert werden.

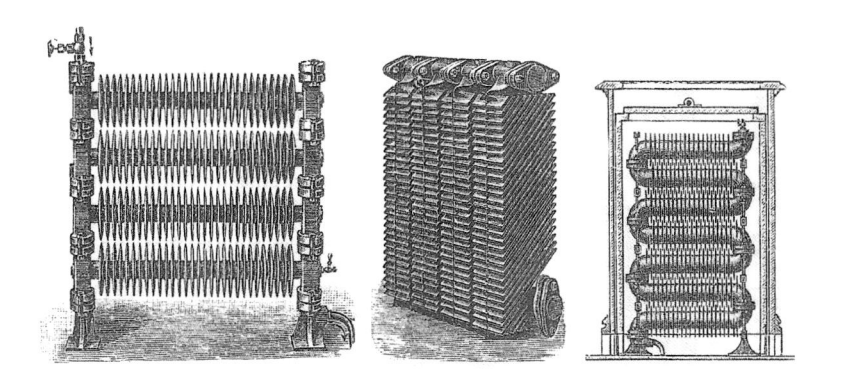

Rippenrohrheizkörper aus Gusseisen, deren Heizfläche mit dünnen Blechrippen vergrößert wurde. Rechts eine schrankartige Verkleidung.

Radiatoren mit Säulen, Gliedern, Platten & Co.

Die aus Amerika kommenden Heizkörper waren dagegen aus zusammengesetzten gusseisernen, hohlen Gliedern gefertigt, die wegen ihres rippenförmigen Aussehens im Volksmund auch Rippenheizkörper genannt werden, obwohl es sich in der Fachsprache um Gliederheizkörper handelt. Alternativ konnte es sich auch um nur leicht reliefierte Platten handeln.

Ihr gemeinsames Merkmal war der – im Gegensatz zum Rippenrohrheizkörper – wesentlich höhere Anteil an Strahlungswärme, weshalb sie zu Recht den Namen Radiator erhalten haben. Diese Radiatoren waren von Anfang an künstlerisch gestaltet und wurden nur selten, anders als die Rippenrohrheizkörper, hinter einer Verkleidung versteckt.

Dampf- und Wassernutzung Die meisten Radiatorenmodelle konnten sowohl mit Dampf als auch mit Wasser betrieben werden, in beiden Fällen fand eine Durchströmung der inneren Kanäle des Heizkörpers statt. Bei der Dampfheizung gab es die Variante des Umwälzverfahrens. Dabei strömte der Dampf in jedem Glied durch eine feine Düse ein und versetzte die im Hohlraum enthaltene Luft bei der Vermischung in Umlauf. Dadurch zirkulierte ein gleichmäßiges Gemisch aus Luft und Dampf im Heizkörper.

Flacher Plattenheizkörper, ausgestellt bei der Firma Andera in Maastricht.

Das in den Heizkörpern sich bei Abkühlung bildende Kondenswasser wurde entweder in besonderen Leitungen zu Kondenstöpfen abgeführt und anschließend in ein Sammelgefäß geschüttet, aus dem es zum Speisen des Kessels entnommen wurde; oder es lief – bei neueren Modellen – direkt in das Sammelgefäß ab. Radiatoren werden zumeist unter Fenstern aufgestellt. So kann einerseits ihre Strahlungswärme die Kälte der Außenwände ausgleichen. Andererseits verhindert der thermische Auftrieb – die Konvektionswirkung – das Herabsinken kalter Luft an den Fenstern und somit »kalte Füße«.

Stahlblech als konkurrierender Werkstoff Bis etwa 1950 war Gusseisen der dominierende Werkstoff für Radiatoren. Als man neuere Schweißtechniken wie beispielsweise das Rollnahtschweißen beherrschte, wurden Radiatoren auch zunehmend aus Stahl hergestellt. Diese waren deutlich handlicher.

Bis heute ist der Anteil der Gussradiatoren am Gesamtmarkt auf unter 3 Prozent geschrumpft. Aus dem dünnwandigen Stahlblech werden vornehmlich die leichten Plattenheizkörper hergestellt, die entweder aus einer einzelnen Platte oder aus mehreren Platten in Kombination mit Konvektionsschächten bestehen.

Ein- oder mehrsäulige Glieder Die einzelnen Heizkörpermodelle unterscheiden sich auch durch die Gestaltung ihrer Glieder, das heißt ob sie ein- oder mehrsäulig sind. Ist ein Glied in seiner ganzen Tiefe durchgehend, besitzt es also nur einen Hohlraum, so ist es einsäulig. Je nach Anzahl der senkrechten Unterbrechungen kann die Radiatorrippe mehrere Säulen aufweisen. Am häufigsten sind die zwei- bis dreisäuligen Rippenheizkörper. Es gibt auch die Möglichkeit, die Glieder waagerecht zu unterteilen, was allerdings eher selten ist.

    Die Aufteilung eines Hohlkörpers dient dazu, die hohen Temperaturen und den Druck besser aufnehmen zu können. Denn dies ist bei Gusseisenkörpern in Röhrenform besser gegeben als bei großen Gussflächen. Ein weiterer Aspekt ist, dass so die Oberfläche und damit die Heizleistung vergrößert wird, insbesondere wird die Abgabe der Konvektionswärme durch die Vermehrung von senkrechten Flächen erhöht.

Oben: Zweisäuliger Radiator mit vier Gliedern, Washington um 1860. Unten: Viersäuliger Radiator mit sechs Gliedern, Belgien um 1928.

Verbindungstechniken: Pressen und Schrauben
Jedes Bauglied eines Radiators hat je nach seiner Höhe und Tiefe eine spezifische potenzielle Heizleistung. Nach Berechnung der benötigten Leistung erfolgte früher das Festlegen auf eine bestimmte Anzahl von Gliedern. Heute ist diese oft durch die Breite des Fensters vorgegeben, unter dem der Heizkörper aufgestellt wird, und die Leistung wird durch die Tiefe oder andere technische Varianten beeinflusst. Nach wie vor werden die Heizkörper nicht als komlettes Teil zu ihrem endgültigen Bestimmungsort transportiert, da sie sehr schwer und unhandlich sind. Vielmehr werden die Glieder einzeln oder bereits zu kleinen Blöcken verbunden angeliefert und vor Ort zu ihrer endgültigen Größe zusammengesetzt.

Verbindung mit Pressnippeln und Gewindebolzen Das Verbinden der einzelnen gusseisernen Glieder kann durch Pressen oder Schrauben erfolgen. Beim Pressen sind die Nippel, welche die einzelnen Rippen oben und unten fest miteinander verbinden, in ihrer Oberfläche glatt. Zu den Enden hin laufen sie konisch zu. Sie werden in analoge Hohlkegel an den entsprechenden Stellen der Glieder, an den Naben, eingepasst.

Wenn die endgültigen Heizkörpermaße erreicht sind, wird der Radiator mittels zweier Gewindebolzen oben und unten zu einem Heizkörper zusammengepresst. Die Bolzen verbleiben zur Gewährung

Modell »Olympia«, zweisäuliger geschraubter Radiator, Washington um 1860.

der Dichtheit als feste Bestandteile am Radiator. Ihre Enden sind an den Seiten des Heizkörpers oben und unten sichtbar. Bei dreisäuligen Heizkörpergliedern werden beispielsweise jeweils zwei Bolzen oben und unten angebracht. Pressnippel wurden in der Regel für solche Radiatoren verwendet, die mit Dampf betrieben wurden. Denn nur die dabei verwendeten Gewindebolzen konnten dem hohen Druck Stand halten und absolute Dichtheit gewähren. Die Verwendung von Dichtungen war dagegen in Kombination mit Dampf als Wärmeträger problematisch.

Verbindung mit Schraubnippeln Die zweite Variante, die Glieder des Heizkörpers miteinander zu verbinden, ist die Verwendung von zumeist schmiedeeisernen Schraubnippeln. Diese besitzen – ebenso wie die Naben der entsprechenden Glieder – ein Rechts- und Linksgewinde sowie an der Innenseite zwei gegenüber liegende Nocken, in welche später der Nippelschlüssel eingreifen kann. Zur Montage werden die Glieder oder Gliederblöcke waagerecht auf eine Ebene oder einen Balken gelegt. Nach einer Säuberung der Dichtflächen werden die Nippel in die Naben des einen Glieds ein Stück weit eingeschraubt. Anschließend wird eine Dichtung über die Nippel geschoben. Dann wird das nächste Glied gegen die beiden Nippel gedrückt. Mit derHilfe eines speziellen Werkzeuges,

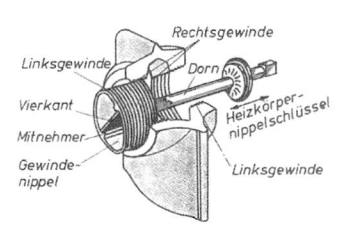

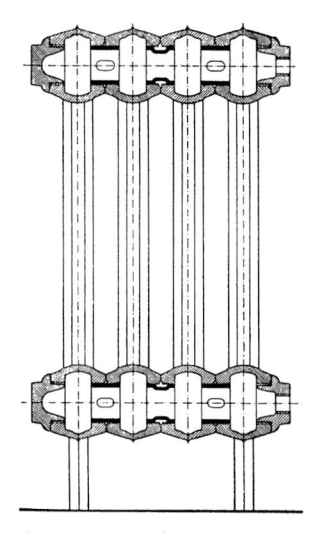

Oben: Pressnippel,
Mitte: Innengewinde der Glieder mit Schraubnippel und Dorn,
Unten: Radiatorquerschnitt.

dem Nippelschlüssel, können nun die Nippel gleichmäßig gedreht werden, so dass die Glieder zusammengeschraubt werden. Als Wasser den Dampf als Wärmetransportmittel ablöste, setzte sich das Zusammenschrauben der Glieder durch, welches heute zur Standardmethode geworden ist.

Anschluss- und Blindstopfen In die Naben der jeweils beiden letzten Glieder eines Heizkörpers werden Anschluss- oder Blindstopfen eingesetzt. An die Anschlussstopfen werden die Zu- und Abführungen der Heizungsrohre angeschlossen.

Früher befanden sich sowohl die Zu- als auch die Ablaufleitungen zumeist rechts und links unten am Heizkörper. Heute ist dagegen ein gleichseitiger Anschluss üblich, das heißt das Wasser fließt in der Regel auf einer Seite des Heizkörpers oben hinein und unten wieder heraus. Die gegenseitigen Öffnungen werden mit Blindstopfen verschlossen. Diese dürfen nur mit den entsprechenden Ring- oder Maulschlüsseln angezogen werden, da bei Benutzung von Rohrzangen oder ähnlichem Werkzeug eine Beschädigung vorprogrammiert wäre. Besonders die historischen Radiatoren weisen eindrucksvollen Schmuck

Zweisäuliger Radiator mit zehn Gliedern, in Washington um 1860 gebaut.

und Ornamentik nicht nur an der Oberfläche der gusseisernen Rippen auf. Oftmals finden sich auch auf den Blindstopfen kunstvolle Verzierungen.

Temperaturregelung und Entlüftung Eine der ersten Möglichkeiten, die Wärme zu regulieren, war die Anbringung eines Regulierventiles im Zuleitungsrohr kurz vor dessen Einmündung in den Heizkörper. Der Ventilkonus konnte durch ein Rädchen per Hand auf und nieder geschraubt werden, wobei ein ganzer Abschluss durch völliges Niederschrauben des Konus auf den Ventilsitz

Originalgetreu nachgefertigte Ventilsteuerungen und Stellschrauben an restaurierten Radiatoren der Firma Andera in Maastricht.

und die Regulierung durch Erweitern oder Verengen der Durchflussöffnung erzielt wurde. Zunächst war das Ventil jedoch wenig effektiv, im Grunde genommen diente es nicht der Regulierung, sondern war ein »Auf-und-Zu-Ventil«. Denn bereits mit einer viertel Umdrehung schloss oder öffnete sich der Durchlass. Das Regelverhalten wurde später dadurch verbessert, dass der Ventilsitz kegelförmig anstatt flach ausgebildet wurde. Dieses Regulierventil gehörte noch lange Zeit zur Standardausrüstung der nachfolgende Heizkörpermodelle. Inzwischen ist es durch das Thermostatventil abgelöst, das je nach gewünschter Raumtemperatur die Heizleistung selbst einstellt.

Zur Entlüftung gab es bis etwa 1920 Ventile an den Heizkörpern, die mit der Hand aufgedreht werden konnten. Da diese Rädchen allerdings auch Kinder zum Herumspielen verlockten, entwickelte man ab 1920 Ventile, die mittels eines speziellen Schlüssels bedient werden können. Diese Konstruktion ist im Prinzip heute noch üblich.

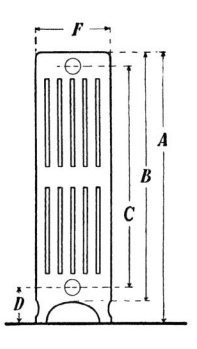

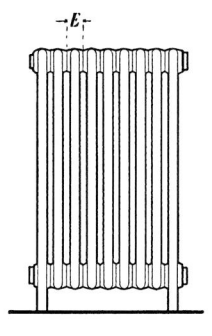

Baumaße von Radiatoren: A = Fußgliedhöhe, B = Mittelgliedhöhe, C = Höhe, D = Abstand Boden zu unterem Anschluss, E = Breite, F = Tiefe

Abmessungen und Normen

Ein Fachmann kann an den Abmessungen von Radiatoren nicht nur den Heizwert des Heizkörpers ablesen, sondern erhält auch für den Einbau im Haus die notwendigen Vorgaben. Daher haben sich handelsübliche Bezeichnungen durchgesetzt, die auch heute noch üblich sind: A = Ganze Höhe mit Fuß (auch Fußgliedhöhe genannt); B = Ganze Höhe ohne Fuß (auch Mittelgliedhöhe genannt); C = Bauhöhe, die vom Mittelpunkt der oberen

Nabe zum Mittelpunkt der unteren Nabe misst; D = Abstand von Fußboden bis Mitte des unteren Anschlusses (auch untere Anschlusshöhe genannt); E = Baubreite eines einzelnen Gliedes, gemessen von Nippelmitte zu Nippelmitte; F = Bautiefe (entspricht Tiefe eines Gliedes).
1961 einigten sich in Deutschland die Hersteller von Radiatoren darauf, die Typen zu rationalisieren und zu standardisieren. Die Glieder wurden auf eine bestimmte Anzahl und Größe begrenzt, so dass die Radiatoren verschiedener Hersteller kombinierbar waren und die Lagerhaltung vereinfacht wurde.

Oben: Die Normen für Gussradiatoren (DIN 4720) und für Stahlradiatoren (DIN 4722) von 1936 und 1938 erfuhren 1961 eine Neufassung.
Unten: Radiatorentabelle von 1979 für Gussheizkörper (Auszug aus DIN 4720) bei einem Nabenabstand von 500 mm, Abhängigkeiten der Gliederanzahl, Leistung, Bautiefe und -höhe bei einer Raumtemperatur von 20° C.

Nabenabstand mm	1000				600				500				300				200*)	
Bautiefe mm	100	150	200	250	100	150	200	250	100	150	200	250	100	150	200	250	300 bis 320	200
Heizfläche (Stahl) m²	0,24	0,36	0,48	0,61	0,15	0,23	0,30	0,38	0,13	0,20	0,26	0,33	0,08	0,13	0,17	0,21	—	0,12
Heizfläche (Guß) m²	0,25	0,37	0,49	0,63	0,16	0,24	0,31	0,40	0,14	0,21	0,27	0,35	0,09	0,14	0,18	0,22	0,21	—
Wärmeabgabe (Stahl) Watt	122	175	224	271	79	115	146	177	70	100	129	157	50	70	87	103	—	64
kcal/h	105	151	193	234	68	99	126	153	60	86	111	135	43	60	75	89	—	55
Wärmeabgabe (Guß) Watt	128	180	229	289	85	121	151	187	75	107	133	166	50	75	93	109	106	—
kcal/h	110	155	197	242	73	104	130	161	65	92	115	143	43	65	80	94	91	—

*) nicht genormt

Gliederzahl	Baulänge ohne Stopfen mm	Bautiefe 110 mm				Bautiefe 160 mm				Bautiefe 220 mm			
		Wärmeabgabe bei Wasser mit $t_m = 80°C$ $t_l = 20°C$ W		Wärmeabgabe bei Dampf mit $t = 100°C$ $t_l = 20°C$		Wärmeabgabe bei Wasser mit $t_m = 80°C$ $t_l = 20°C$ W		Wärmeabgabe bei Dampf mit $t = 100°C$ $t_l = 20°C$		Wärmeabgabe bei Wasser mit $t_m = 80°C$ $t_l = 20°C$ W		Wärmeabgabe bei Dampf mit $t = 100°C$ $t_l = 20°C$	
		W	kcal/h	W	kcal/h	W	kcal/h	W	kcal/h	W	kcal/h	W	kcal/h
1	60	94	81	137	118	128	110	188	162	167	144	246	212
2	120	188	162	274	236	255	220	376	324	334	288	492	424
3	180	282	243	411	354	383	330	564	486	501	432	738	636
4	240	376	324	548	472	510	440	752	648	668	576	984	848
5	300	470	405	684	590	638	550	940	810	835	720	1 230	1 060
6	360	564	486	821	708	766	660	1 128	972	1 002	864	1 476	1 272
7	420	658	567	958	826	893	770	1 315	1 134	1 169	1 008	1 680	1 448
8	480	752	648	1 095	944	1 021	880	1 503	1 296	1 336	1 152	1 967	1 696
9	540	846	729	1 232	1 062	1 148	990	1 691	1 458	1 503	1 296	2 213	1 908
10	600	940	810	1 369	1 180	1 276	1 100	1 879	1 620	1 670	1 440	2 459	2 120
11	660	1 034	891	1 506	1 298	1 404	1 210	2 067	1 782	1 837	1 584	2 705	2 332
12	720	1 128	972	1 643	1 416	1 531	1 320	2 255	1 944	2 004	1 728	2 951	2 544
13	780	1 221	1 053	1 779	1 534	1 659	1 430	2 443	2 106	2 172	1 872	3 197	2 756
14	840	1 315	1 134	1 916	1 652	1 786	1 540	2 631	2 268	2 389	2 016	3 443	2 968
15	900	1 409	1 215	2 053	1 770	1 914	1 650	2 819	2 430	2 506	2 160	3 689	3 180
16	960	1 503	1 296	2 190	1 888	2 042	1 760	3 007	2 592	2 673	2 304	3 935	3 392
17	1 020	1 597	1 377	2 327	2 006	2 169	1 870	3 195	2 754	2 840	2 448	4 181	3 604
18	1 080	1 691	1 458	2 464	2 124	2 297	1 980	3 383	2 916	3 007	2 592	4 427	3 816
19	1 140	1 785	1 359	2 601	2 242	2 424	2 090	3 571	3 078	3 174	2 736	4 672	4 028
20	1 200	1 879	1 620	2 738	2 360	2 552	2 200	3 759	3 240	3 341	2 880	4 918	4 240

CORTO RADIATORS

Pat'd. Sept. 4, 1917, May 10, 1921, July 19, 1921.
T. M. Corto Reg. U. S. Pat. Off.

CORTO
The Radiator Classic

Formenvielfalt: Ornamentik und Dekor

Bis in die 1920er Jahre wurden gusseiserne Radiatoren in den verschiedensten Ausführungen und Verzierungen angefertigt, die von ihrer Ornamentik den vielfältigen Stileinflüssen des Historismus und Jugendstils angepasst waren. Mit Aufkommen des Heimatstils als Abkehr von den »Verirrungen« von Historismus und Jugendstil und mit der Funktionalität der Bauhausbewegung verschwanden die verzierten Dekorationen bei den gusseisernen Radiatoren und machten einer glatten Oberfläche und einer schlichten Linienführung Platz. Der Buderus-Lollar-Kalender der Buderus'schen Eisenwerke Wetzlar schreibt zum Beispiel im Jahr 1926 hierzu: »*Abmessungen und Formgebung der Radiatoren sind den Bedürfnissen der Heizungstechnik angepaßt und werden fortlaufend nach der wechselnden Geschmacksrichtung und den fortschreitenden Erkenntnissen der Wissenschaft weiter entwickelt.*

Links: Der Klassiker als Kunstobjekt nach einem Patent von 1917/1921, gestaltet von Louis Courtot mit dem Ziel, bei gleicher Heizleistung weniger Platz zu benötigen. Unten: Rundheizkörper für Säulen, Metz um 1890.

Beide Ursachen vereint haben z.B. das vollständige Verschwinden der verzierten Heizkörper bewirkt, die heute weder als schön empfunden noch den strengen Forderungen der Hygiene standhalten.« Die Normalmodelle sind seit dieser Zeit ein- und zweisäulig, die gehobeneren Modelle drei- bis fünfsäulig.

Eck- und Säulenradiatoren, Zylinderofen Es gab neben den Standardmodellen, die in einer Linie an einer Wand aufgestellt wurden, zusätzlich solche, die – bei entsprechender Anbindung an das Röhrensystem der Zentralheizung – frei im Raum stehen konnten oder über Eck angeordnet waren. Bei diesen waren die Dichtflächen der einzelnen Glieder nicht parallel, sondern unter einem bestimmten Winkel abgefräst, so dass sie im Kreis oder über Eck aufgestellt werden konnten. Runde Heizkörper mit einer ringförmigen Anordnung konnten um eine Säule platziert werden und trugen daher auch den Namen Säulenradiatoren. Sie waren beispielsweise 1926 im Angebot der Firma Buderus zu finden. Es gab zudem extra niedrige Modelle, die unter großen Fenstern Platz fanden.

Ein optisches Relikt an die Zeit der gusseisernen Öfen war der so genannte Zylinderofen, das heißt ein Radiator in Zylinderform. Bei diesem wie ein Rundofen aussehenden Heizkörper war in einen weiten Zylinder entweder ein einziger enger Zylinder oder eine Anzahl Röhren eingebaut, in denen das Wasser oder der Dampf zirkulierten. Um die an sich tonnenförmige Gestalt optisch aufzuwerten, wurde zum einen häufig die Oberfläche kunstvoll gestaltet, zum anderen konnten die Füße sowie das obere und untere Zylinderende eindrucksvoll angefertigt sein.

Wärmeschrank und Abdeckungen Wollte man das Warmhaltefach der alten Kachel- und Eisenöfen auch in der zentralgeheizten Wohnungen nicht missen, so gab es Radiatoren mit Wärmeschränken. Für deren Einbau wurden mittlere und äußere Glieder in unterschiedlichen Bauhöhen (z.B. 600 mm in der Mitte und außen 1100 mm) montiert. Die Abstellplatte war dann als wasserdurchflossene Wärmeplatte konstruiert. Oder es gab erwärmte, verbindende Rohre, welche die Naben der Außenglieder miteinander verbanden. Die Türen der Warmhaltefächer waren optisch oft der Gestaltung des Heizkörpers angepasst. Sie konnten dementsprechend eher schlicht ausgeführt sein oder ebenfalls reiche Verzierungen tragen.

Manche Heizkörper besaßen als oberen Abschluss eine gitterartige Fläche, auf die zu wärmende Gegenstände platziert werden konnten. Diese Variante bot sich besonders bei solchen Heizkörpern an, bei denen viel warme Luft aufstieg, also der Anteil der Konvektionswärme relativ groß war. Ein Beispiel dafür war der aus senkrechten Röhren zusammengesetzte Radiator. Eine ausgeprägte Nutzung der Heizwärme zum Warmhalten von Speisen ermöglichten Radiatoren mit waagerechten Gliedern, auf denen man Platten o.ä. abgestellen konnte.

Radiatoren: Füße oder Wandaufhängung? Früher waren Radiatoren meist Standmodelle. Sie waren häufig nur oben mit einer Aufhängung an einer Wand befestigt, die Endglieder besaßen angegossene Füßen. Diese Konstruktion übt auf uns heute einen

Radiator in Säulenform, ein so genannter Zylinderofen, mit aufwendiger Emailtechnik und dekorativer Bekönung und Fußteil. Sachsen, um 1900.

Gusseiserner, flacher Wandheizkörper, Metz 1915.

besonderen Reiz aus, ähnlich wie die Renaissance der gusseisernen Badewannen mit Löwenfüßen, die frei im Raum stehen. Bei Heizkörpern mit ausgeprägter Ornamentik waren auch diese Füße schmuckvoll gestaltet. Es gab auch Modelle mit losen Füßen.

Es war früher üblich, diese gusseisernen Füße – ähnlich wie die vernickelten Füße der Küchenherde – vor Feuchtigkeit des Wischwassers zu schützen. Daher setzte man sie jeweils rechts und links auf eine profilierte Holzleiste, passend zu den Sockelleisten oder zu den Paneelen der Holzvertäfelung. Heute werden Heizkörper generell aufgehängt.

Zubehör und Montageteile: Verdunstungsschalen, Träger, Sattel und Schellen An Zubehör wurden unter anderem gusseiserne Verdunstungsschalen angeboten, die innen auch emailliert sein konnten und gegebenenfalls mit einer durchbrochenen Abdeckplatte versehen waren. Bei größeren Radiatoren konnten auch mehrere Schalen nebeneinander gesetzt werden.

Für die Montage der Heizkörper gab es gusseiserne Träger mit unterschiedlichen Baulängen je nach Gewicht des Radiators, gusseiserne Füße sowie Sattel und Halter, deren Schellen um die Verbindungsnaben führten und deren Halter in jeder gewünschten Baulänge gefertigt werden konnten.

Flache Radiatoren: Plattenheizkörper Besonders platzsparend waren die flachen Radiatoren aus Gusseisen, welche optisch die Vorläufer der heutigen Plattenheizkörper aus Stahlblech darstellten, wenngleich diese über Konvektionsschächte verfügen. Die flachen gusseisernen Radiatoren bestanden meist aus nur wenigen, dafür aber sehr breiten und flachen Gliedern. In diesen zirkulierte das Wasser in schmalen Rohren.

Man stellte auch flache Radiatoren aus nur einem einzigen Element her, das dann häufig mit einem kunstvollen Motiv geschmückt war, beispielsweise mit einem Wappen.

Verzierungen und Ornamentik Hinsichtlich der Verzierung gab es bei den Radiatoren aus Gusseisen die verschiedensten Variationen. Sie konnten auf ihrer Oberfläche kein oder nur sehr wenig Dekor aufweisen oder aber durch eine mannigfaltige Ornamentik beeindrucken. Die Verzierungen reichten von floralen Grundformen über figürliche Abbildungen und Wappen bis hin zu Motiven der Antike.

Aufgegriffen wurden im Historismus bevorzugt Stilelemente der Renaissance, des Barock und Rokoko, später kamen die floralen und figürlichen Dekorationen von Jugendstil und Art-Deco hinzu. Seit etwa 1920 waren die Heizkörper dann überwiegend schlicht. Zum einen empfand man die Verzierungen als unschön, zum anderen sprachen hygienische Gründe dafür, da sich glatte Oberflächen leichter reinigen lassen.

Heizkörperbeschichtung Früher wurden die Heizkörper entweder ganz unbehandelt ab Werk geliefert oder auf Wunsch mit einem einmaligen Grundanstrich versehen, der als Rostschutz diente. Eine Gewähr für die Haltbarkeit des Anstrichs wurde nicht übernommen. Die Weiterbearbeitung erfolgte danach mit dem speziellen Radiatorenlack. Metallfarben, wie z.B. Metallbronze, sollten nicht verwendet werden, da sie die Wärmeabgabe stark herabsetzen. Alternativ wurde mit Graphitpasten endbehandelt.

Heute erfolgt bei gusseisernen Heizkörpern unmittelbar nach der Anfertigung ein Grundanstrich und die Endlackierung. Der Oberflächenschutz für einen Heizkörper aus Stahl erfolgt zumeist im Elektro-Phorese-Verfahren als Pulverbeschichtung.

Gusseiserner Heizkörper aus vertikalen Röhren, die dekorativ gestaltet wurden. Russland, um 1905.

Antike Radiatoren heute: Exklusivität und Nostalgie

Gusseiserne Radiatoren faszinieren in Form und Design. Als ein historisches Bauelement der frühindustriellen Ära und eine Antiquität bringen sie Tradition und Geschichte in oft sterile und nüchterne Neubauten oder sie vervollkommen den Charme einer Altbauwohnung. Jeder historischer Heizkörper hat seinen individuellen Reiz und birgt seine eigene Vergangenheit. Die Kombination aus Strahlungs- und Konvektionswärme ist sowohl unter baubiologischen als auch heizungstechnischen Gesichtspunkten ideal.

Es gibt viele Gründe, warum man Gefallen an einem historischen Heizkörper findet – und sei es, weil es sich um einen Einrichtungsgegenstand handelt, dem eine Wertsteigerung im Laufe der Jahre nahezu garantiert ist. Es sei an dieser Stelle aber auch erwähnt, dass antike Originalradiatoren aus dem 19. und dem frühen 20. Jahrhundert, die professionell aufgearbeitet worden sind und wieder eingebaut werden können, heute bereits einen

Von links nach rechts: Niedriger Fensterheizkörper, Amerika um 1860, schmaler, hoher Radiator, Russland um 1900, Radiator mit verziertem Wärmefach, London 1915.

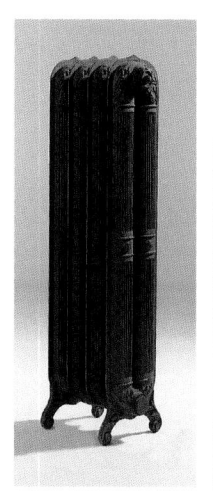

stolzen Preis haben. Pro Heizkörperglied muss man mindestens 100 Euro anlegen, je nach Form und Gestaltung reicht die Spanne bis über 300 Euro je Glied.

Was ist beim Einbau zu beachten?
Antike, gusseiserne Radiatoren können prinzipiell problemlos in ein modernes Zentralheizungssystem eingebunden werden. Der Anschluss an die Leitungsrohre erfolgt genauso wie der eines neuen Modells. Unter heiztechnischen Gesichtspunkten unterscheiden sie sich nur dadurch von modernen Ausführungen, dass sie in der Regel mehr Wasserinhalt führen und daher etwas träger warm werden. Auch speichert das dicke Gusseisen die Wärme besser als das Stahlblech der neuen Radiatoren und gibt sie somit noch längere Zeit ab, wenn der Heizkörper bereits abgeschaltet ist.

Sie fügen sich demnach nicht in den heutigen Trend ein, dass in kürzester Zeit nach dem Aufdrehen des Heizkörpers das Zimmer erwärmt ist, und unmittelbar mit dem Zudrehen die Heizleistung auf Null zurückgeht. Wer diese Tatsache in Kauf nimmt und die Heizkörper dementsprechend bewusst bedient, hat keinerlei Nachteile zu befürchten. Sie eignen sich gut als Basisheizung in einem großen, selten benutzten Zimmer, das bei Bedarf schnell – beispielsweise mit einem Eisenofen – erwärmt werden kann.

Es dürfte zudem selten sein, dass man für die gesamte Wohnung oder das ganze Haus antike gusseiserne Radiatoren einbauen möchte. Als dekorative Schmuckstücke sind sie zur innenarchitektonischen

Radiator Rococo, Paris 1890, oben im Bergezustand, unten nach der Restaurierung.

Akzentuierung eines Raums gedacht, als Blickfang oder als i-Tüpfelchen einer Wohninszenierung. In der Regel setzen auch die hohen Anschaffungskosten eines aufgearbeiteten Heizkörpers Grenzen. Ein weiterer Aspekt ist, dass es nahezu unmöglich ist, viele Heizkörper in der gleichen Gestaltung und Größe zu finden. Da eine Kombination der unterschiedlichen Modelle nicht jedermanns Geschmack ist, dürfte dies ein weiterer Grund für die Beschränkung auf ein, zwei oder drei Exemplare sein. Die Bedenken, dass antike Heizkörper undicht sind und sich mit der Zeit das Heizungswasser in den Wohnräumen wiederfindet, ist unbegründet. Voraussetzung ist allerdings, dass die Restaurierung professionell erfolgt. Dies trifft beispielsweise für die Firma Andera in Maastricht zu, die auf ihre Heizkörper eine lebenslange Garantie auf Dichtheit gibt.

Nun gilt es nur noch, einen Heizungsinstallateur zu finden, der sich bereit erklärt, die alten Radiatoren einzubauen. Da die Installationsfirmen von den Heizungsherstellern oftmals vergünstigte Konditionen erhalten, wenn sie sowohl den Kessel als auch die Heizkörper gemeinsam abnehmen, besteht wenig Motivation, Sonderwünsche zu erfüllen. Oftmals fehlt auch einfach das Verständnis dafür, warum man einen antiken Radiator einem neuen Modell vorzieht. Dennoch ist es realistisch, in der näheren Umgebung einen kompetenten Installateur zu finden. Denn die gusseisernen Radiatoren werden nach der Restaurierung in der Regel zum Kunden nach Hause angeliefert und müssen dort nur noch montiert werden, weshalb kein gesonderter Transport oder Beschaffungsaufwand für den Heizungsinstallateur entsteht. Mit diesem sollte jedoch zunächst die erforderliche Heizleistung abgesprochen werden, bevor man sich auf die Suche nach einem alten Radiatormodell macht und sich für ein oder mehrere Heizkörper entscheidet.

Heizkörper suchen und finden

Wer antike gusseiserne Radiatoren in seine Wohnung oder sein Haus einbauen möchte und sich auf die Suche nach ihnen begibt, wird schnell merken, dass sich diese Recherche als äußerst schwierig gestaltet. Die meisten Heizungsinstallateure sind mit der Frage überfordert, wo solche Schmuckstücke heute noch zu

Links: Lagerplatz im Freien bei einem Händler von historischen Baustoffen, Mai 1999 in Berlin. Rechts: Lagerregale mit unrestaurierten Radiatoren, Werkstatt der Firma Andera in Maastricht, Juni 2002.

erwerben sind. Spezielle Firmen, die historische Baumaterialien bergen, aufarbeiten und verkaufen, haben zumeist ein großes Angebot an Dach- und Mauerziegeln, Dielen und Parkett, Fachwerk, Fliesen, Türen oder Fenster, doch im Bereich der Haustechnik sieht es eher dürftig aus.

In punkto Heizung bieten einige Händler zwar gusseiserne Herde und Einzelöfen an, gusseiserne Heizkörper – unrestaurierte und insbesonders restaurierte – sind dagegen Mangelware. Dies hat seine guten Gründe: Sie sind erstens wegen ihres Gewichtes sehr schwer zu bergen und zweitens überwiegen beim Abriss die schlichten Standardmodelle der 1930er Jahre, die schwer verkäuflich sind. Hinzu kommt, dass es vor Ort sehr schwierig zu beurteilen ist, ob unsichtbare Schäden – zumeist durch Frost – vorhanden sind. Auch erfordert die fachgerechte Aufarbeitung besondere Spezialkenntnisse, die nur durch eigene Erfahrungen erworben werden können und für die es keine Lehrbücher und Anleitungen gibt.

Eine erste hilfreiche Anlaufstelle bei der Suche nach einem gusseisernen Radiator kann der Unternehmerverband Historische Baustoffe e.V. (UHB) in St. Georgen sein, in dem sich etwa 40 Firmen zusammengeschlossen haben. Ein guter Tipp ist darüber hinaus die Internetseite www.baurat.de, die sich speziell dem

Gusseiserner Radiator, Detroit um 1860, vor und nach der Restaurierung. Rost auf der Oberfläche ist meist ein Warnsignal dafür, dass auch das Innenleben nicht mehr einwandfrei ist.

Thema historische Baustoffe widmet. Dort kann man unter anderem kostenlos Kleinanzeigen aufgeben und Materialanfragen an Händler verschicken, so dass die eigenen Wunschvorstellungen über den oder die Radiatoren weltweit im Netz veröffentlicht sind. Hinzu kommt eine ausgefeilte Adressenrecherche, bei der unter verschiedenen Stichworten oder auch regional nach Baustoffhändlern gesucht werden kann. Unter dem Stichwort »Radiatoren« wurden im Juli 2002 allerdings nur zwei Adressen von Spezialisten aufführt, was etwa der tatsächlichen Marktlage entspricht: Es handelt sich in den Niederlanden um die Firma Andera von Emiel Jacobs-Hogenboom (www.andera.nl) und in Großbritannien um die Cast Iron Reclamation Company, (www.perfect-irony.com).

Andera genießt nicht nur bei ihren Kunden, sondern auch bei historischen Baustoffhändlern und Kollegen, die antike Kamine und Kachelöfen anbieten, einen sehr guten Ruf, weshalb wir dieser auf dem Kontinent wohl einzigartigen Firma ein eigenes Kapitel gewidmet haben.

Ein Spezialist vom Fach: Firma Andera in Maastricht
Einen antiken gusseisernen Heizkörper so zu restaurieren, dass er an eine moderne Zentralheizung angeschlossen werden kann, bedarf einer guten Fachkenntnis. Wohl einzigartig in Europa ist die niederländische Firma Andera – Antieke Design Radiators – in Maastricht, die sich auf die Bergung, den Import, die Aufarbeitung und den Verkauf von historischen Gussheizkörpern spezialisiert hat. Dort findet sich eine große Auswahl an schlichten wie auch verzierten Exemplaren in allen Variationen.

Aus aller Welt importieren Elly und Emiel Jacobs alte Radiatoren und bereiten sie wieder auf. Sie erwerben die Heizkörper zumeist in Frankreich, Belgien, Deutschland oder Großbritannien, aber auch in Argentinien, Kanada, den USA, Israel oder Malaysia. Der Ankauf erfolgt oft über lange und zuweilen seltsame Wege. Emiel Jacobs hat im Laufe der Jahre nahezu in allen Kontinenten Kontakte geknüpft, die ihm das Auffinden der wertvollen Heizkörper ermöglichen. So bewahrt er sie vor der Verschrottung, was nur zu oft ihr häufigstes Schicksal ist.

In manchen Ländern, beispielsweise in Frankreich, wird es allmählich schwieriger, solche Heizkörper zu finden, da sich hier in den vergangenen Jahren ein spezialisierter Markt für antike Heizkörper entwickelt hat. Ob diese Heizkörper dann ebenfalls wie bei der Firma Andera mit der nötigen Fachkenntnis und dem entsprechenden Anspruch restauriert werden, sei dahin gestellt. Zahlreiche Schmuckstücke, so vermutet Emiel Jacobs, müssten allerdings noch in Russland zu finden sein. Hier benötigt man jedoch bekanntlicherweise Kontakte der besonderen Art, um die Heizkörper erwerben zu können.

Die Restaurierung von Heizkörpern: Das Aufspüren von Rost- und Frostschäden   In der Maastrichter Werkstatt angekommen, wird ein Heizkörper zunächst mittels Wasser, das mit hohem Druck durch den Heizkörper geführt wird, auf seine Dichtigkeit getestet. Wenn er undicht sind, geht dies in der Regel mit Rost auf der Innenseite der Glieder einher. Emiel Jacobs beklagt, dass in leer stehenden alten Gebäuden, die auf ihren Abriss warten, zwar der Strom, das Gas und das Wasser abgestellt wird, niemand aber daran denkt, das Wasser aus den Heizkörpern abzulassen.

Dies führt dann leider oftmals zu nachträglichen Rost- oder Frostschäden. Ist der Heizkörper undicht, muss er auseinander genommen und von innen gesäubert werden. Oftmals sind die verbindenden Nippel zwischen den einzelnen Gliedern beschädigt, vor allem wenn der Heizkörper gepresst und nicht geschraubt ist. Das Herstellen und Anpassen neuer Nippel erfolgt bei einem benachbarten Heizungstechniker.

Ist dies geschehen, werden die Glieder wieder zusammengefügt und der Heizkörper wird erneut mit Wasser »abgepresst«, das heißt auf seine Dichtigkeit überprüft. Das Wiederherstellen der Funktionstüchtigkeit bedarf großen Fachwissens und Feinfühligkeit. Denn zur Bauzeit der Heizkörper war nichts genormt, nahezu jeder Betrieb hatte sein eigenes Gussverfahren und seine eigenen Gewinde. So war die Anfertigung von Spezialwerkzeug für die Arbeit von Andera unumgänglich. Auch waren viele Warmwasser-Modelle damals nicht für den heute üblichen Wasserdruck ausgelegt, weshalb auch ungleichmäßig dicke Gussteile damals kein Problem darstellten.

In der Regel ist der Heizkörper »nur« stark verrostet. Deshalb erfolgt die Behandlung mit einem speziellen Sandstrahlgerät, das sämtlichen Rost auf der Außenseite entfernt, ohne die Gussheit und die – oftmals filigrane – Ornamentik zu beschädigen. Es kommt aber auch vor, dass im Laufe der Jahrzehnte mehrere Schichten Farbe auf den Heizkörper aufgetragen worden sind, beispielsweise als es Mode war, den Radiator farblich der Wand anzupassen, damit er optisch nicht so auffiel.

Durch intensives Überprüfen der Heizkörper werden in der Werkstatt zudem kaum sichtbare Haarrisse aufgespürt. Nach der Behandlung der Oberflächen wird der Heizkörper ein weiteres Mal abgepresst, um seine absolute Dichtheit garantieren zu können. Zum Schluss wird eine spezielle anthrazitgraue Ofenpolitur auf Graphitbasis aufgetragen. Diese lässt die Firma Andera eigens für sich anfertigen. Alternativ werden die Radiatoren in einer vom Kunden gewünschten Farbe lackiert.

Nun können die Heizkörper ausgeliefert werden. Mit auf den Weg bekommen sie ein Zertifikat, das als kleiner Zinnanhänger am Radiator befestigt ist. Es garantiert für Echtheit, Funktionalität und lebenslange Dichtheit.

Nur wenige Händler haben sich in Europa auf die Restaurierung historischer Gussheizkörper spezialisiert. Neben der niederländischen Firma Andera gibt es noch einige in Großbritannien, beispielsweise die Firma Walcot Reclamation in Bath in Südengland.

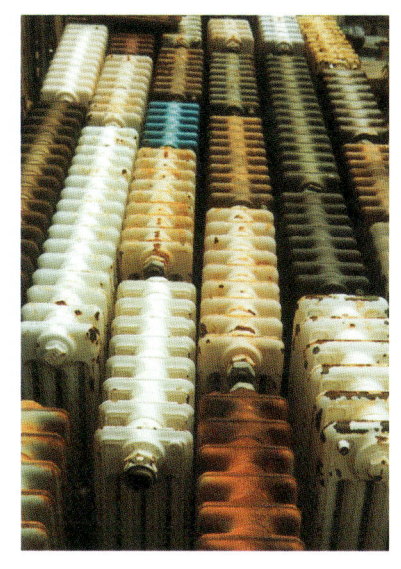

Die Schatzgrube: Originalradiatoren von 1860 bis 1935 Im Lager von Elly und Emiel Jacobs befinden sich etwa 70 verschiedene Originalmodelle aus der Zeit zwischen 1860 und 1935. Sie tragen Namen wie Verona, Rococo, Italia Fly oder Valentino. Insgesamt lagern hier circa 3000 Glieder, die zu unterschiedlich langen Heizkörpern zusammengefügt werden können.

Mit dem Restaurieren von Radiatoren begann das Paar Mitte der 1980er Jahre. Durch eine Krankheit an den Rollstuhl gebunden, konnte Emiel Jacobs damals seinen Beruf als Heizungsmonteur nicht mehr nachgehen und musste seine damalige Firma aufgeben. In der Überlegung, wie man sich nun eine Existenz aufbauen konnte, besann er sich der alten Heizkörper. Bereits als Lehrling war er auf sie aufmerksam geworden, als er sie gegen moderne Heizungsanlagen austauschen und sie jedes Mal schweren Herzens der Verschrottung oder Deponie zuführen musste.

Da jeder antike Radiator durch seine individuelle Geschichte, durch sein Alter und die kunstfertige Ausführung einen unermesslichen Wert besitzt, wollte er sich jetzt um sie kümmern. Er machte seine Frau Elly, die zuvor in einer Boutique gearbeitet hatte, mit der Welt der Heizkörper vertraut und vermittelte ihr das

Oben: Schlichter Heizkörper der 1930er Jahre, Tschechien um 1928.
Unten: Floral verzierter Jugendstilheizkörper, England um 1900.

notwendige Wissen. Die ersten sechs Jahre kümmerten sie sich alleine um die Beschaffung, Aufarbeitung und den Verkauf der Heizkörper. Inzwischen hat Elly Jacobs in der Werkstatt durch einen weiteren Mitarbeiter Unterstützung bekommen. Emiel Jacobs erledigt nun vornehmlich die Büroarbeit und pflegt die Kontakte im In- und Ausland.

Ihr erster Heizkörper war ein Jugendstil-Radiator aus einem Nonnenkloster in Maastricht. Als dieses abgerissen wurde, konnten Emiel und Elly den Radiator bergen und anschließend aufarbeiten. Ihr besonderes Angebot und ihre Fachkenntnis sprachen sich bald herum, so dass das Lager inzwischen stetig voller und der Kundenkreis größer wird. Ihre Internetseite www.andera.nl erhöht zudem den Bekanntheitsgrad. Mittlerweile werden sie auch von Heizungsinstallateuren ernst genommen, die anfangs keinerlei Interesse zeigten. Seit einem ausführlichen Artikel im Mitteilungsblatt der niederländischen Heizungsinstallateurvereinigung 2001 mehren sich die Anfragen seitens der Installateure. Meist werden diese von ihren Kunden nach der Möglichkeit gefragt, antike Heizkörper einzubauen.

Die Kunden von Emiel und Elly Jacobs kommen vorwiegend aus Deutschland, den Niederlanden und Belgien, aber auch aus Polen oder anderen europäischen Ländern. Meistens kaufen sie mehrere Heizkörper, erst einen für das Wohnzimmer, dann für die Küche, den Flur und das Bad. Die Firma behält sich übrigens das Rückkaufsrecht vor, sollte ein Kunde sich aus irgendeinem Grund von dem Heizkörper wieder trennen wollen. Doch das ist noch nie vorgekommen. Denn es ist nicht schwer sich vorzustellen, welche besondere Atmosphäre ein solch historischer Radiator ausstrahlt. Die handwerkliche Qualität auf höchstem Niveau, die Liebe zum Detail, die lebendige Ornamentik und die angenehme Wärme der Heizkörper überzeugen einfach.

Anhang

Adressen zum Thema Radiatoren, Öfen und Gusseisen

– Eine Auswahl – Stand 8/2002

Die Adressen werden fortlaufend im Internet bei www.baurat.de aktualisiert und ergänzt.

Andera Antieke Design Radiators
Onder de Kerk 6
NL 6227 BH Maastricht
www.andera.nl

Buderus Informationszentrum
Justus-Kilian-Straße 1
D 35453 Lollar
Tel.: 06441 / 418-2338

Cast Iron Radiators
Bamford Rd., Heywood
GB Lancs OL10 4AP
www.classicradiators.co.uk

Cotswold Decorative Ironworkers
Marsh Farm, Stourton,
GB Warwickshire CV36 5HG
www.cd-ironworkers.co.uk

Deutsches Museum, Gießereiabteilung, Museumsinsel 1
D 80538 München
www.deutsches-museum.de

Deutsches Ofenmuseum, Markus und Ruth Stritzinger, Hauptstraße 1
D 76835 Burrweiler
www.antik-ofen-galerie.de

Eisenkunstguss-Museum
Glück-Auf-Allee 4
D 24782 Büdelsdorf / Rendsburg
www.schloss-gottorf.de

Heizungsratgeber
www.heizungsratgeber.de

Kunstgussmuseum Hirzenhain e.V.
im Hause der Buderus
Kunstgießerei, Nidderstr. 10
D 63697 Hirzenhain
www.buderus.de

Ofen- und Keramikmuseum Velten
Wilhelmstraße 32
D 16727 Velten
www.ofenmuseum-velten.de

Rheinisches Eisenkunstguss-Museum Schloss Sayn
Abteistraße 1
D 56170 Bendorf am Rhein
www.bendorf.de

Sammlung industrielle Gestaltung
Knaackstraße 95
D 10435 Berlin

The Cast Iron Reclamation Company, 23 Waldegrave Road, Teddington, Middlesex,
GB London TW11 8LA
www.perfect-irony.com

Traumöfen Antike Herde und Öfen
Barbara Feldmann und Dieter Klaucke GbR, Wilhelmstraße 114
D 46569 Hünxe
www.traumofen.de

Tuscan Foundry Products
Bolney Road, West Sussex
GB Cowfold RH13 8AZ
www.tuscan-build.com

Unternehmerverband Historische Baustoffe e.V.
Dreihäusle 3
D 78112 St. Georgen
www.historische-baustoffe.de

Walcot Reclamation, Architectural Antiques, 108 Walcot Street
GB Bath BA1 5BG
www.walcot.com

Literatur

Die folgenden Bücher haben zur Erarbeitung dieses Bandes beigetragen oder können als weiterführende Literatur dienen.

Brachert, Thomas   Der schwäbische Eisenkunstguss, Öfen und Ofenplatten, Schäbische Hüttenwerke, Wasseralfingen, 1958

Dittmar, Monika, Hrsg.   Märkische Ton-Kunst, Veltener Ofenkacheln. Ein Beitrag zur Kulturgeschichte des Heizens, Band 1, Edition Cantz, Stuttgart, 1992

Engels, Gerhard, Wübbenhorst, Heinz   5000 Jahre Gießen von Metallen, Gießerei Verlag Düsseldorf, 1994

Hammer, Walter, Michelberger, Karin, Schrem, Wilfried   Deutsche Gusseisenöfen und Herde, Verlag Märchenofen, Neu-Ulm, 1984

Ihle, Claus, Botz, Albert   Heizungstechnik, Fachkunde und Fachrechnen für Zentralheizungs- und Lüftungsbauer, Schroedel Verlag, Hannover, Dortmund, Darmstadt, Berlin, 1979

Kippenberger, Albrecht   Der künstlerische Eisenguss, Werk Hirzenhain der Buderus'schen Eisenwerke, Wetzlar, 1950

Lehnemann, Wingolf   Eisenöfen – Entwicklung, Form, Technik, Callwey Verlag, München, 1984

Schmidt, Hans, Dickmann, Herbert   Bronze- und Eisenguss, Hrsg. Verein deutscher Giessereifachleute, Düsseldorf, 1958

Schöning, Kurt   Heizen ... aber wie? Von der Feuerstätte zur Zentralheizung. Verlagsanstalt Herkul GmbH, Frankfurt, 1968,

Schrader, Mila   Gusseisenöfen und Küchenherde, Geschichte, Technik, Faszination; Edition :anderweit Verlag GmbH, 2001

Schrader, Mila, Hrsg.   Auf der Suche nach historischen Baumaterialien No. 5. Ein Ratgeber und Adressleitfaden. Suderburg-Hösseringen, 2002

Seyer, Dieter   Feuer, Herd, Ofen, Eine museumsdidaktische Unterrichtseinheit zur Geschichte der Feuernutzung zum Wärmen und zur Nahrungsbereitung, Landesverband Westfalen-Lippe, Landesbildstelle Westfalen, Münster, 1985

Usemann, Klaus W.   Entwicklung von Heizungs- und Lüftungstechnik zur Wissenschaft, Hermann Rietschel, Leben und Werk; R. Oldenbourg Verlag München Wien, 1993

Zimmermann, Georg   Heiz- und Kochgeräte, Waschmaschinen, Kühlschränke, Lehrbuch des Eisenwaren Handels, Buch 4, Fachverband Deutscher Eisenwaren- und Hausrathändler e.V., Düsseldorf, 1962

Bildnachweis

Andera, Antieke Design Radiators, Maastricht 27 oben, 27 unten, 40, 41 links, 41 rechts, 42, 46 oben, 46 unten, 48, 53 oben, 53 unten, 54, 56, 57 oben links, 57 oben rechts, 61, 63 links, 63 rechts oben, 63 rechts unten, 64, 65, 66 links, 66 Mitte, 66 rechts, 67 oben, 67 unten, 70 links, 70 rechts, 74 oben, 74 unten

Buderus-Lollar Archiv, Wetzlar 45

Deutsches Ofenmuseum, Markus und Ruth Stritzinger, Burrweiler 12 rechts, 13 oben, 15 unten, 25

Edition :anderweit Verlag, Suderburg, Archiv 26, 50, 51, 69 links

Großmann, G. Ulrich, Nürnberg 11 links

Holtebrinck, Antike Kachelöfen, Bad Heilbrunn 11 rechts, 14

Lebert-Antic, Gondrecourt-le-Chateau 10

Lehnemann, Dr. Wingolf, Lünen, Archiv, Wilhelm Schulze 13 unten, 15 oben

Museumsdorf Hösseringen, Suderburg-Hösseringen, Archiv, Peter von Essen 8

Schrader, Julia, Maintal-Bischofsheim 6, 38, 52, 57 unten, 73 oben, 73 unten links, 69 rechts

Walcot Reclamation, Bath, Großbritannien 73 unten rechts

Reproduktionen aus Büchern und Firmenprospekten

5000 Jahre Gießen von Metallen, Gerhard Engels, Heinz-Wübbenhorst, Gießerei Verlag Düsseldorf, S. 92, Ofen aus dem Schloss Spangenburg, Marburger Universitätsmuseum für Kulturgeschichte 12 links

Abbildungen von Schlosserwaaren vorzüglich Sicherheits-Schlösser, Reprint von 1831, Thomas Hölzel, Th. Schäfer, Hannover 1983, Tafel 120 22

Buderus-Lollar-Kalender 1926, Buderus'sche Eisenwerke Wetzlar, 1926 55 unten

Geschichtliche Entwicklung und gegenwärtiger Stand des Phoenix Aktien-Gesellschaft für Bergbau und Hüttenbetrieb in Hoerde: Denkschrift zum 60-jährigen Bestehen des Unternehmens im Jahr 1912, S. 89 44

Heizen ...aber wie? Von der Feuerstätte zur Zentralheizung. Kurt Schöning, Verlagsanstalt Herkul GmbH, Frankfurt 1968, S. 81 und S. 47 18

Heizungstechnik, Fachkunde und Fachrechnen für Zentralheizungs- und Lüftungsbauer, Claus Ihle, Albert Botz, Schroedel Verlag, Hannover, Dortmund, Darmstadt, Berlin 1979, S. 157, 148,152 55 Mitte, 59 oben, 59 unten

Märkische Ton-Kunst, Veltener Ofenkacheln. Ein Beitrag zur Kulturgeschichte des Heizens, Band 1, Monika Dittmar, Hrsg., Edition Cantz Stuttgart, 1992, S. 146, Plakat Staatsgalerie Stuttgart, S. 143, München Stadtmuseum, S. 126, Archiv Velten, Das behagliche Heim. Illustrationen von Ludwig Hohlwein, Hrsg. Nationale Radiator Gesellschaft mbH, um 1910   17, 29, 31

National Radiatoren Kessel Bedarfsartikel 1934, Nationale Radiator Gesellschaft mbH, Berlin 1934, Archiv Torsten Germeier, Bremen 58 oben, 58 unten

Nationale Radiator Gesellschaft, Berlin, Firmenkatalog Architekt und Zentralheizung, o.J. S. 19, Archiv Deutsches Museum, Photo Deutsches Museum München   2

Opus Caementitium, Bautechnik der Römer, Heinz-Otto Lamprecht, Beton Verlag, Düsseldorf, 1993, S. 131, 132   20 links, 20 rechts

Pierce Fitter 1919, Firmenprospekt Pierce American o.J., Archiv Torsten Germeier, Bremen   24, 36, 55 oben

The Ideal Fitter, American Radiator Company, New York 1925, S. 95, Archiv Andera, Antieke Design Radiators, Maastricht, Niederlande   60

Trattado Completo de Arquitectura y Construccion Modernas, Marcelino Bordoy, Editor, Barcelona y Buenos-Aires o.J., 2. und 3. parte, Lamina 18   32

EDITION :*anderweit*
Verlag für Bauen mit Patina

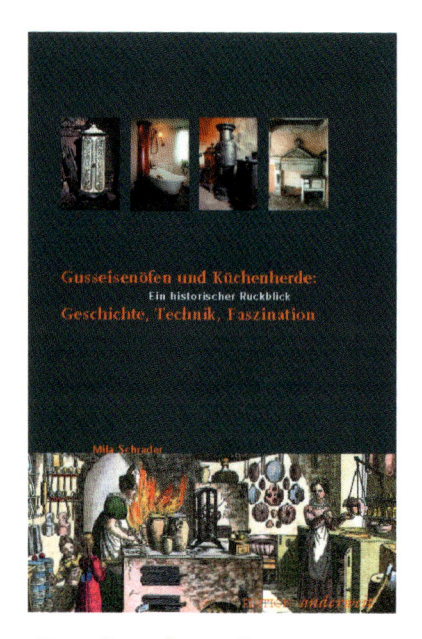

Gusseisenöfen und Küchenherde: Geschichte, Technik, Faszination
Ein historischer Rückblick

Mila Schrader, 128 Seiten, 116 Abbildungen in s/w und in Farbe, 16 x 24 cm, gebunden

ISBN 3-931824-16-0

Dieses Buch ist eine Liebeserklärung an eine historische Heiz- und Kochtechnik, die im Laufe der Jahrhunderte verschiedene Entwicklungsstufen durchlaufen hat. Aus dem Feuerloch und der offenen Feuerstelle entwickelten sich die unterschiedlichsten Herde. Zum Heizen gab es offene Kamine, Kachelöfen mit ihrer behaglichen Wärme und schließlich seit dem 15. Jahrhundert die ersten Gusseisenöfen. Es waren zunächst Fünf- und Sechsplattenöfen, darauf folgten barocke Rundöfen, Aufsatzöfen, Zirkulieröfen, im Historismus monumentale Füllregulieröfen, in denen der industrielle Feinguss seine höchste Blüte erreichte.

Die Faszination dieser Öfen und Herde liegt in ihrer gestalterischen und technischen Vielfalt. Sie sind heute nicht nur Museumsstücke, sondern in Wohnungen ein schönes Mobiliar und eine spontane Zusatzheizung. Das Heizen mit Holz, das Prasseln des Feuers und der Anblick der Glut sind stets ein unvergessliches Erlebnis.

Aktuelle Info bei www.anderweit.de